场 所 原 论

建筑如何与场所契合

［日］隈研吾 著　李晋琦 译　刘智 校

华中科技大学出版社
http://www.hustp.com
中国·武汉

图书在版编目（CIP）数据

场所原论：建筑如何与场所契合 /（日）隈研吾 著；李晋琦 译；刘智 校 .—武汉：华中科技大学出版社，2014.8
ISBN 978-7-5609-9962-3

I.①场… Ⅱ.①隈… ②李… ③刘… Ⅲ.①建筑学–研究 Ⅳ.①TU-021

中国版本图书馆CIP数据核字（2014）第055727号

TITLE：［場所原論］
BY：［隈研吾］
Copyright © Kengo Kuma 2012
Original Japanese language edition published by Ichigaya Shuppan Co., Ltd.
All rights reserved. No part of this book may be reproduced in any form without the written permission of the publisher.
Chinese translation rights arranged with Ichigaya Shuppan Co., Ltd.Tokyo through Nippon Shuppan Hanbai Inc.
简体中文版由日本市谷出版社授权华中科技大学出版社有限责任公司在中国大陆地区出版、发行。
湖北省版权局著作权合同登记 图字：17-2014-157号

场所原论：建筑如何与场所契合　　　　　　　　　　　　　　　［日］隈研吾 著　李晋琦 译　刘智 校

出版发行：华中科技大学出版社（中国·武汉）　　　　　　　电话：（027）81321913
　　　　　武汉市东湖新技术开发区华工科技园　　　　　　　邮编：430223

责任编辑：贺　晴　　　　　　　　　　　　　　　　　　　封面制作：赵　娜
责任校对：王　娜　　　　　　　　　　　　　　　　　　　责任监印：朱　玢

印　　刷：武汉精一佳印刷有限公司
开　　本：787 mm×996 mm　1/16
印　　张：8.75
字　　数：123.5千字
版　　次：2019年3月第1版　第4次印刷
定　　价：58.00 元

投稿邮箱：heq@hustp.com
本书若有印装质量问题，请向出版社营销中心调换
全国免费服务热线：400-6679-118　竭诚为您服务
版权所有　侵权必究

前　言

我撰写这本书的初衷，是希望以一种全新形式的教材，将自己平日的思考以及我认为在建筑设计工作中最重要的问题通过通俗易懂的语言传授给年轻人。

3·11大地震是我写作此书的契机之一。3·11让历史的潮流反转。以一言概之，我觉得东京中心主义的时代结束了。都市中心主义抑或称为都市主义更确切，其本质是所有的东西都是从都市这一中心向地方流动的。技术、文化、经济不一而足。地方隶属于大城市，逐渐被掠夺、破坏。

就建筑而言，混凝土、铁等材料都是都市主义的产物。在20世纪之前，在不同地方、不同场所存在着各式各样的建筑技术和建筑材料，构成了那些地方特有的景观，孕育着当地的文化。但从20世纪开始，这一切全部被混凝土和铁破坏。这段悲惨历史的结局就是3·11的悲剧。

但是，仔细解读历史可以发现，悲剧中往往孕育了新的转机。在灾害和危机之后，会产生真正有意义的新动向。在春风得意时，人们大概不会认真地思考事情，而是热衷于维持现状，不太可能大幅度地转换方向。

我的亲身经历也是如此。20世纪90年代初的泡沫经济崩溃，我在东京的设计工作几乎停滞了10年。在这10年里，我辗转于地方，和当地的工匠一起，建造了一些小的建筑。那时，我切身体会到不论怎样的"小场所"中都潜藏着未被唤醒的力量，感受到了"小场所"无尽的潜能和它的温暖。要是没有这10年远离东京的辛劳，我或许不会觉悟到"场所"的问题。

托十年之旅的福，在3·11之前我们就开始关注场所，思考着如何设计使"小场所"熠熠生辉的建筑。从那时起，我给自己定下两条原则。

其一，重视"小场所"的材料、技术和工匠。

其二，尽可能通过"小元素"进行建造。

混凝土是典型的"大元素"。虽然最初是黏稠的液体状态，但凝固之后就变成又大又重的固体，既不能切割也不能分解。

与其相反，由木结构或砖砌之类的"小元素"构成的建筑，可以通过个人的手简易建造，解体也较为简单。一言以蔽之，用小元素建造的建筑是民主的建筑。它是草根式的，不是自上而下，而是自下而上的。

所有的"小元素"，我都尽可能采用当地可以采集到的材料。就像动物收集身边的"小元素"筑巢一样，在"小场所"用"小元素"建造，我认为这种谁都可以筑巢的状态是最理想的。

但是我也对这种建造方法究竟是否适合收入教科书持有疑问。因为教科书是将中心的、具有普适性的技术、文化传授给不了解这些知识的人们，具有一种"居高临下"的基本特点。从根本上说，我怀疑这种特点究竟是否与我所思考的"场所主义"契合。这或许正是至今为止都没有以"场所"为题的建筑教材的原因所在。

但也正因为这样，我也更想针对 "场所"这个难以得出普遍性结论的命题，给年轻人留下些什么。

虽然是我的主观想法，但我仍然将《圣经》和《论语》作为参考。虽然这两本书均为长卷，也堪称伟大的教材而被广泛学习，但它们的书写方式都是不成体系的，而是片段式的。

用现在的话讲就是，在基督和孔子身边聚集了一群没有正式工作的流浪汉，这两本书就是片段式地记录了他们一路上遇到的各种难关和辛劳。

《圣经》的核心是由四个门徒分别记述的，以充满矛盾的故事集（《四福音书》）为中心构成，是一本和"普世主义"相距甚远的、非常随意的教科书。《论语》也被批评有用语模糊、可作多解的缺点。

但我觉得正是因为这样的写法，这两本书才成了伟大的教材。正因为不是居高临下的灌输式的写法，才使更多人产生共鸣，每个读者都能发现适合自己的解读方法，使其最终成为了伟大的教材。

出于上述狂妄的思考，我决定将这本关于"场所"的教材以 18 个片段记述集合体的形式写出来。

我们的旅行仍在继续，但我首先想与大家分享我们在这 18 次旅行中如何面对"场所"，如何经历困难，以及如何与生活在 "场所"中的人们分享喜悦。

隈研吾

2012 年 1 月

场所原论

建筑如何与场所契合

目录

悲剧改变建筑

场所原论

悲剧改变建筑
"生产"拯救建筑

灾害与建筑

我打算写作有关地震、海啸之后的建筑原论。因为我感觉到迄今为止的建筑论、建筑原论在灾后都已不再有效。

迄今为止的建筑理论，都是由社会的进步带动建筑的进化的一种建筑进化理论。即经济的发展与技术的进步促使了建筑的转换与进化的这样一种逻辑。

例如，工业革命使得社会工业化促使了建筑的进化，IT技术的发展、信息化社会促成了新建筑的诞生，而混凝土结构、钢结构的发达则改变了建筑。

不论是在20世纪初现代主义建筑登场并风靡全球的时代中所书写的建筑理论（注1），还是在20世纪后半期从工业化社会转向信息化社会时的众多建筑理论，其共同点在于它们都是积极的理论。我称之为进化论型的建筑原论。

但实际上，建筑却一直因悲剧而被改变。重大的灾害或经济危机等悲剧，曾给建筑界和设计带来了巨大的变化。我想基于这些事实，写作"作为悲剧的建筑理论"和"灾难（catastrophe）的建筑原论"。

举例来说，关东大地震（1923年）曾导致10万人死亡，由木结构房屋组成的东京化为火海，以此为契机，日本的建筑发生了巨大的变化。与建筑相关的法律进行了修订，人们致力于阻燃材料和抗震建筑的研究，日本的城市面貌因此变得截然不同。

1666年的伦敦大火（图1）将当时由木结构房屋构成的伦敦变成了砖石城市。1871年的芝加哥大火（图2）促进了阻燃材料、钢结构研究的飞跃性发展，进而产生了被称为芝加哥学派的高层建筑风格（图3，注2），并由此衍生出20世纪超高层建筑群。各种悲剧改变了建筑。

但这其中，说到起历史决定作用的大灾害，不得不提1755年11月1日让全欧洲陷入恐慌的里斯本大地震（图4）。

图1：1666年伦敦大火

图2：1871年芝加哥大火

虽无定论，但人们普遍认为，正是以这一导致五六万人死亡的大灾难为契机，历史跨入了"近代"。从近代科学诞生一直到产业革命，19世纪、20世纪的潮流开始涌动。有人认为，无神论、启蒙运动的知识革命以及以自由、平等、博爱为口号的法国大革命，都是这次大地震的产物。在世界人口为70亿的年代发生的东日本大地震的死亡、失踪人数为两万人，以此类推，可以试着想象，在世界人口为7亿9千万的那个时代，五六万人的含义。那场大地震波及文化、政治、经济领域，并且跨国界地给全球带来了压倒式的冲击。

即使回顾建筑史，里斯本地震的影响也是不可估量的。事实上，受到影响最大的，要数建筑和城市设计了。因为发生重大灾害时，遇到生命危险时，人们都会本能地去依靠建筑。人类拥有这种不可思议的行为习惯。

文化、政治、经济固然重要，但只要建筑这个庇护物还在，生命就可以得到保障，这是作为生物的人类的自然的心理。建筑作为巢穴（shelter）与生命的关系竟是如此直接。

与此相比，文化、政治、经济与生命的关系则是非常间接的，甚至与生命无关。

从依靠神明转向依靠建筑

总之，里斯本大地震动摇了人们对神的信仰。人们受到了巨大的精神打击，认为神可能已经抛弃了人类。于是，被神抛弃的人类转而去依靠"建筑"。

可以说里斯本地震之前的建筑，不仅仅是教堂，所有建筑都是为了赞美神而建造的。人们想要的是可以代替神来保护人类的坚固且合理的建筑，以此取代为了赞美神而修建的建筑。从此不为神、而为人建造建筑的时代到来了。

为了实现坚固合理、为人服务的建筑并进行大量的供给，就必须基于近代科学进行合理的结构计算，同时也需要以工业

7

（注1）：希格弗莱德·吉迪恩（Sigfried Giedion）著《空间·时间·建筑——一个新传统的成长》（*Space, Time & Architecture: the growth of a new tradition*）（1941年）等。
（注2）：芝加哥学派：活跃于19世纪后半期的建筑家团体。

图3：家庭保险公司（Home Insurance Building）（1885年），巴隆·詹尼（Baron Jenney）+惠特尼（Whitney），柱梁均为铁制的芝加哥学派的最早的真正意义上的高层建筑

图4：1755年里斯本大地震

革命的产物——钢铁、混凝土、玻璃为首的材料，还需要用近代民主政治体系来代替那些为建造宫殿和教堂而创建的古代政治体系。

1755年11月1日之后的世界进程，是一个为了建造坚固合理的建筑而在环境与社会背景上逐渐完善的一个过程。其后，以建造坚固巢穴为目的的制度和体系逐渐完备。在这层意义上或许可以把19世纪和20世纪称作"建筑先行的时代"或者"建筑的时代"。为了建造坚固的巢穴，人类这个物种竭尽全力让建筑更强、更大。

在一系列针对里斯本地震的反应之中，最早的要数被称为乌托邦学派（梦幻者）（Visionaire）的法国的一群建筑师所绘制的建筑草图（图5）。

在技术上，乌托邦学派与之前"神的时代"的建筑家之间并无多大差异。他们没有近代的结构计算技术，因此无法创造出仅靠细铁柱来支撑的通透空间，也不曾想到用混凝土建造坚固建筑的技术。

但是，乌托邦学派在旧有的石材或砖石砌筑的有限技术中，尽可能发挥了最大的想象力，描绘了代替神保护弱小人类身体的坚固合理的建筑。这种竭尽全力排除了装饰的纯粹几何学的石造建筑是他们的设计特点。从这点而言，乌托邦学派正是手举追求合理性的旗帜的20世纪现代主义建筑的先锋。

若想探知他们的建筑思想精髓，可以参观由勒杜设计的在法国绍村的皇家制盐工厂（图6）。将岩盐精制为精盐的加工工厂，与为工人服务的功能性设施，以纯粹几何学布置在草原中的样子，仿佛是后里斯本精神构造的模型。

远离被脆弱的建筑所掩埋的、古旧杂乱的都市，在草原中建立合理的、几何学的乌托邦，正是乌托邦学派（梦幻者）想要实现的目标。他们深信这个乌托邦可以保护人类。而梦幻者的尝试不过是一种近乎直觉的转瞬之间的事情，像绍村制盐工厂这样建成的建筑也仅是那个时代个别的尝试而已。

但是，他们真正是梦想家、预言家，历史因他们而改变。此后的19世纪，这种"不依赖神灵的合理建筑"借助在里斯本地震之

图5：乌托邦学派克劳德·尼古拉斯·勒杜（Claude-Nicolas Ledoux）的插画《牛顿纪念堂规划》（1784年）

图6：绍村皇家盐场（1779年），克劳德·尼古拉斯·勒杜

后发展起来的近代科学、近代政治和经济体制，一下子得以具体化并得以实现。坚固合理的"不依赖神灵的建筑"以不可阻挡之势覆盖了整个世界。1755年之后的建筑史，可以概括为以下几点。

国际主义风格导致的场所缺失

在全球化进行推土机式的近代化、合理化的过程中，对人类而言不幸的事情发生了。这种"无神论的合理建筑"开始抹杀世界建筑的多样性。

众所周知，世界上存在着各种各样的场所，每个场所都有其固有的自然条件（气候、土壤）、文化和历史。但保护人们免受灾害的"坚固建筑"对场所固有性的重视远不如对坚固性、合理性的追求。

具体来说，"灾后"的紧要问题是采用混凝土、钢铁这种随处可见的、具有一定强度的工业产品，排除"多余"装饰要素来建造建筑。可以说在里斯本地震之后的250年间建造的建筑都是灾后的"临时住宅"。

作家森鸥外在其作品《普请中》对他所处的明治时期的日本都市做出了"都市是只管建设而样貌丑陋的集合体"这一严厉评价（注3）。在250年里，所呈现的状态就是《普请中》的描述在世界范围内的再现：没有人会去装修临时住宅，利用当地的石材和木料建造建筑，虽然取材方便，但无法确保坚固，也无法保证稳定供给，所以渐渐地就不再使用当地材料了。

新登场的合理建筑与19世纪工业革命之后的工业化发展完全一致。二者都是里斯本地震后"被神抛弃"的时代产物，所以二者能够产生共鸣也在意料之中。

工业化社会的单一品种大量生产提供了大规模建设所需的混凝土、钢铁、玻璃等"坚固"材料，用这样的方法让世界走向均一是与时代进程完全相符的。

9

（注3）：《普请中》（1910年，森鸥外48岁时在《三田文学》上发表）。

图7：施泰纳住宅（Steiner House）（1910年），阿道夫·路斯（Adolf Loos）

图8：混凝土办公室方案（1992年），密斯·凡·德·罗
用单一品种大规模生产的建筑材料（混凝土、钢铁、玻璃）建造的均质建筑是国际主义风格建筑的本质

里斯本地震后这一倾向的集大成者，是20世纪初被作为一种建筑风格得到完善的现代主义建筑。现代主义建筑的领军人物[勒·柯布西耶、密斯·凡·德·罗、阿道夫·路斯（图7）]宣扬超越场所固有性的普世建筑设计才有价值，这被称为国际主义风格，是现代主义建筑的基本理念。

概括起来，国际主义风格主张抹杀世界的多样性（图8）。

"坚固"建筑与乌托邦主义与乡村幻想

里斯本地震之后人们追求"无神论坚固建筑"的倾向也与乌托邦主义紧密相关。原因在于现有都市和聚落被认为是旧的污秽场所，被"脆弱的建筑"埋没。人们认为远离那样的地方，或者对其进行彻底破坏后，新建建筑才得以建成，这才是保护人们免受灾难的最佳方法。这样的思考方式就被称为乌托邦主义。

19世纪，在法国具有一定影响力的作品是戈登（André Godin）的《吉斯的居住共同体》（Guise phalanstère）（图9）、

建筑师托尼·嘎涅（Tony Garnier）的《工业都市》（图10）和勒·柯布西耶的一系列城市规划，这些都是乌托邦主义的产物。勒·柯布西耶甚至将被公认为美丽的巴黎都看作污秽古旧的场所，规划了破坏其中心部分，建设超高层住宅以满足300万人口需求的方案。

乌托邦主义并不仅仅停留在图纸上。工业化导致人口迅速膨胀，现有城市无力容纳，为解决这一问题，人们开始建造集工作、生活为一体的新城市。戈登的住宅共同体在世界范围得到实践，英国资本家也跃跃欲试地为其劳工建设新城市。

20世纪60—70年代，是日本的高速发展期，各地森林被砍伐以建设新城市。由此，场所旧有的纤细文脉（现存聚落）遭到了完全破坏（图12），场所瞬间丧失了多样性。

到了20世纪，被称为"郊外"的新型乌托邦在世界各地诞生。为避免误解需要强调一下，这里的"郊外"并不是指过去人们居住的地方，而是指组合"乌托邦主义"和"住宅私有化"的一种20世纪的全新发明。

图9：吉斯的居住共同体（1856—1879年），简·巴提斯特·安德鲁·戈登（Jean-Baptiste-André Godin）
一种结合了大工厂和工人集合住宅的乌托邦建筑

图10：工业都市（1904年），托尼·嘎涅

易被忽略的是"住宅的私有化"概念本身是在 20 世纪出现的。关于住宅到底是代代相传、还是租住，抑或自己建造住宅并私有化，这完全都是 20 世纪的独创。20 世纪之前在城市外围虽有"农村"，但并没有"郊外"。

20 世纪的美国为这一奇思妙想提供了特殊条件 [图 13，莱维顿（Levittown）]。乌托邦主义的基本原则就是远离都市这一污秽、危险的场所而获得安全保障。

逃离危险的城市，谁都可以将住宅私有化，这是美国式的一大发明，在乌托邦主义传统中是没有的。正因为美国在城市之外有许多未经开垦的荒地，才使这一发明成为可能。

在绿草地上将住宅私有化，既安全又可以养老，由此保障业主的需求，这正是新商品"郊外"的广告语。

这就找到了里斯本地震后"无神时代的安全感"这一大课题的最终答案。这一解答不仅包括物理上的安全，还包括经济上的安全，可谓完美的答案。

的确，远离都市，在自然中将住宅私有化，可以让人安心生活一辈子。但草地上孤零零的房子的受灾后果也很严重。

为了让大家都能感受到住宅私有化的"幸福"，美国于 20 世纪初制定了住宅贷款制度，于 1937 年设立联邦住房署（Federal Housing Administration），开始实施住宅贷款制度。这一制度的确立是为了在解决了第一次世界大战后住宅困难问题之后，进一步摆脱大萧条（1929 年）的影响。此后，为了得到"梦中的私有住宅"，尽其一生工作还贷就成了 20 世纪美国人的普遍生活模式。

但是，郊外的一幢私有房真的是幸福保障吗？真的就能保证绝对安全吗？与马克思合作编著《资本论》（1867 年）的恩格斯在著作《住宅问题》（1872 年）中已明确指出，这种"幸福"不过是资本家给予人们的幻想。恩格斯识破了不能产生价值的住宅私有化不过是将劳动者的地位降级到农奴以下的问题本质。

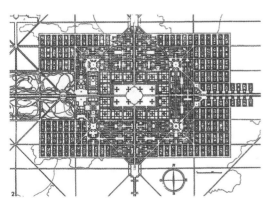

图 11：300 万人口的现代都市（1922 年），勒·柯布西耶

图 12：多摩中心站周边航拍（1974 年）
丰富多彩的武藏野地区的地形和森林完全被大片居住地破坏

尽管如此，20 世纪的人们还是追求并出色地实现了"梦中的私有住宅"这一梦想。于是，发明"郊外"这一商品的美国经济也超越了欧洲，一跃成为世界第一。郊外住宅的建设不仅使建筑行业获利颇丰，而且内部装修对电器、家具、成套的家居用品所产生的需求也拉动了内需（图 14），连接都市和郊外所需要的汽车和石油更是刺激了汽车行业与石油加工制造业，使其成为美国第二大产业。

为了完成偿还住房贷款的重任，人们的劳动积极性被动地提高，也成为 20 世纪美国繁荣的力量。正如恩格斯所说的"农奴以下"。

将住宅私有化的人在政治上往往也较为保守。与此相对，在 20 世纪的欧洲，政府和自治政体通过提供租赁住宅解决住房问题，但在公共住宅居住的人们的思想却更为开放。因此，在欧洲，社会主义得到了大力支持。当然，对资本家和政治家而言，美国式的郊外住宅可谓魔法装备，它为 20 世纪的美国带来了繁荣。

"郊外"以惊人的势头扩张，那里原有的多样化的"场所"也被"绿草地上的一间屋子"这种国际主义风景取代。这种情况不仅仅限于美国。

第二次世界大战之后，不顾国土狭小、身为战败国却仍追随美国文化的日本，也以同样的势头抹杀了"场所"。通过郊外这种均质化景观，瞬间毁灭了日本的"场所"宝库，充满多样性的国土被破坏殆尽。

与其破坏力相悖，郊外这种商品在经济上有着压倒性的效果。住宅产业、汽车产业成为战后日本的领军产业，也对政治产生了较大影响。

第二次世界大战之前的日本城市，是由城市中心的租赁房为基本单位构成的（图 15）。租赁房的生活往往只考虑眼前，生活氛围轻松，被称作"东京人秉性"。但哪怕是"得过且过"的人也应该考虑了未来的事情。

图 13：莱维顿（1948 年）

图 14：珀普勒克斯（Popurex）家电广告（1954 年）

那些过分担心未来而背负偿还房贷压力的人反而需要面对不幸的未来。人们失去了轻松的"东京人秉性"，被美国式的"住房贷款"文化浸透。从经济到文化，被浸透的"场所"渐渐消失殆尽。

大地震与虚构的崩溃

里斯本地震之后的"无神论坚固建筑"是否真的那么可靠。从经济角度来看，郊外的"坚固之城"正如恩格斯所预言的，根本无法保证人的一生，只不过是脆弱的存在。不仅不能保证，还了束缚人生、限制人生、使人穷困潦倒的存在。

阪神大地震（1995年）（图16）后，那些依靠住房贷款得到住房的人在失去房子之后，双重贷款成了一大问题。专家早就指出，住宅的转手是非常困难的，在经济下滑和通货紧缩的时代，因贷款破产的情况多有发生。

雷曼兄弟破产（Lehman Shock，2008年）表明面向低收入人群的住宅贷款 [次级按揭贷款（Subprime Loan）] 破绽绝非偶然。支撑20世纪经济、政治的"住宅贷款体系"以雷曼兄弟破产的形式开始崩溃。

2011年东日本大震灾（图17）无情地揭露了"无神论坚固建筑"的弱点。没有什么"坚固建筑"能够抵抗海啸的袭击。不知何时，与东北地区的各类"场所"连接的"乡土建筑"都被美国式的郊外住宅和汽车组合置换了。大量的"郊外住宅"和汽车被海啸冲走的场景简直就是现代版的"诺亚方舟"。

诺亚方舟讲述的是自然向人类为所欲为的文明复仇的故事，与这次海啸大同小异。这是被不断压抑的"场所"对人类建造的所谓合理性幻想和安全性幻想的报复和嘲讽。尽管人们采用了众多的近代科学成果，通过合理计算，设计了"坚固的建筑"，但在大自然惊人力量面前简直不堪一击。

核能泄露造成的危害更进一步颠覆了"坚固"这个定义本身。即使建筑仍以其物理形式存在，人类也无法继续住在受到核能污染的建筑物中。

13

图15：战前东京风景（隅田川和永代桥一带）
　　　木结构租赁屋构成了城市风景

图16：阪神大地震
　　　高速公路塌陷，房屋倒塌

"坚固的建筑"本身已经失去了意义，甚至变得滑稽可笑。很多人心中都会萌生这样的疑问：即使建筑的物理形式保持不变，也应该和真正的坚固没有关系吧。

所谓建筑的"坚固"，并不是建筑单体物理意义上的"坚固"，而是建筑与其所处"场所"整体对人类的庇护才是真正的坚固和安全。针对建筑单体讨论建筑是坚固还是脆弱是没有意义的。

通过场所的自然条件和历史孕育之物以及场所周边人类的关系网络等要素的互相作用，坚固才得以产生。即使建筑单体是纸做的破破烂烂的小房子，只要其"场所"感强，这个建筑就是"坚固的建筑"。事实上，日本过去的民居就是这样，虽然外表朴素，但却是非常"坚固的建筑"。

虽然有所谓的"坚固的场所"，但并没有所谓"坚固的建筑"。核能泄露这种新型破坏力很好地说明了这一点。

在里斯本地震之后，人们拼命追求的"坚固的建筑"单体，是仅限于灾害较少、地壳变动缓慢的 19 世纪、20 世纪的这样一个温吞的"有限期间"内的一个幻想而已。那种将"坚固"与"私有"相结合以保证人生的 20 世纪的思考方法，与今后预期的地壳运动和全球灾害的时代是不相符的，只是一种臆造的安全感罢了。

"场所"的先驱者们

这次东日本大震灾逆转了 1755 年里斯本地震以来的历史潮流。里斯本地震之后对"坚固合理建筑"的追求，孕育了将建筑与周围环境割裂作为单体考虑的方法，走向了使用混凝土、钢铁和玻璃进行建造的国际风格，抹杀了世界范围内无限多姿的"场所"的存在。而东日本大地震就是这些行为的结局。2011 年的这场地震正是对这 250 年间历史潮流的警告。

那么，应该如何改变国际风格呢？又该如何重新找回"场所"呢？为此，我们简单回顾一下围绕"场所"所进行的历史探索和设计。

图 17：东日本大震灾
大地震之后的海啸摧毁了核电站，导致了放射性污染

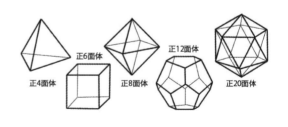

图 18：柏拉图立体（正多面体）

正4面体　正6面体　正8面体　正12面体　正20面体

在古希腊哲学中已有场所派和普世派（国际主义形式）的对立。从苏格拉底（注4）时代到柏拉图时代，人们都尝试用普世性原理来解释世界。柏拉图试图用被称为柏拉图立体（图18）的纯粹几何学形态组合来解释世界，这是其普世主义倾向（国际主义形式）的表现。

继承了普世主义衣钵的18世纪末的乌托邦主义和20世纪初的现代主义建筑家，对柏拉图立体的热切关心绝非偶然。

柯布西耶的代表作萨伏伊别墅（1931年）（图19），可以说是应用柏拉图立体建筑案例的最杰出的作品。从萨伏伊别墅的剖面构成可以看出，他提倡通过立柱将建筑与地面分离的底层架空原则。他希望将建筑与场所分离而作为单体处理，因此才产生了底层架空的设计手法。

为了将建筑与场所分离、通过柏拉图立体进行完美表现，使用底层架空的方法非常合适。20世纪在建筑界流行底层架空方法（图20），这正说明了与场所割裂的时代主题。

另一方面，致力于批判柏拉图的古希腊哲学家亚里士多德则是场所派的领军人物。他频繁使用场所（topos）这个词语。与柏拉图提倡的宇宙是唯一的、宇宙被单一原理支配的说法针锋相对，亚里士多德认为宇宙是由多个场所组成的，每个场所都有与之相对的原理和法则存在，在不同的场所中，物质也表现出不同的性质。

这样的思考方法有悖于近代科学用单一法则解释世界的观点。在一段时间内，亚里士多德被评为落后于时代的迷信家。但是，一旦场所的丰富价值被重新认识，亚里士多德的场所论无疑是让人耳目一新的。

实际上柏拉图也提出了天球说——场所

（注4）：苏格拉底（Socrates，公元前470—公元前399年）：古希腊雅典哲学家，柏拉图之师。

（注5）：亚里士多德（Aristotle，公元前384—公元前322年）：古希腊哲学家。17岁时来到雅典，成为柏拉图的门生。

图19：萨伏伊别墅（1931年），勒·柯布西耶

图20：香川县厅舍（丹下健三设计）
20世纪底层架空建筑的代表

也被解释为"场"——这一概念。亚里士多德对于"场"的解释是单纯的一重构造，但柏拉图认为母体（cola）是双重构造，被囊括、网罗在宇宙之中。

在追求普世主义的过程中，在注意到场所存在的那一刻，柏拉图的聪明智慧就促成了独特的双重构造。

从"普世主义"的希腊·罗马到"场所"的中世纪

柏拉图的普世主义和希腊确立的古典主义建筑（图21）是源于同一种思想的兄弟。

虽然古希腊没有萨伏伊别墅那样将纯粹几何学形态建筑化的技术，但是帕提农神庙的设计是基于数学计算的、为达到绝美这一强烈愿望的设计。在确定建筑各个部分的尺寸时，帕提农神庙的建筑师进行了惊人的的精密运算（图22）。他们采用数学这种普遍方法来追求绝美的热情让人震惊。

古罗马继承了发源于古希腊的古典主义建筑风格，并显著扩大了其规模和应用范围。古典主义是以一种理论可以适用于万物的普世主义，因此它的扩大速度也是压倒性的。

在古希腊，神庙主要根据古典主义建筑原则进行精确的设计。因为希腊神庙没有内部空间，所以不需要考虑内部的设计手法。

但是，到了罗马时代，神庙以外的建筑也开始采用古典主义的方法进行设计，并且具备内部空间的神庙（图23）也开始出现，人们逐渐不仅追求外观的美感，也开始重视建筑内部的体验。

在内部空间设计问题上，个人主观这一问题浮出水面。在外观设计中，虽然通过数学计算可以使获得"客观"美感这一理论成立，但对于内部空间，比起建筑各部分的比例，例如材质、光照等这些用数学无法计算的要素占据着更重要的位置。内部设计问题的出现，使得仅仅采用客观的普世主义进行建筑设计不再可行。

但在这个问题暴露之前，当时的罗马帝

图21：帕提农神庙（公元前447—432年）

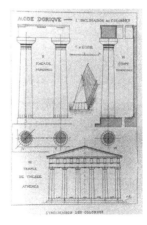

图22：确定古希腊建筑各部分尺寸时进行了精密的计算

国已经开始崩溃，设计师们无暇讨论这个问题。此后与罗马的普世主义、扩张主义针锋相对的中世纪到来了。中世纪是一个将世界划分为无数场所的时代。

虽然有人认为中世纪是黑暗的时代，但在这一时期，场所的丰富性得以复活，可以说这是场所精神的复兴。

让我很感兴趣的是，在古罗马时期，在当时是罗马帝国行省的北非所建造的建筑群。

虽然北非也基于古典主义建筑方法论建造了城市中心的神庙、剧场等建筑物，但出乎意料的是，其中有很多是没有基座的神庙（图23）。

对于发祥于希腊的古典主义建筑而言，基座是重要而不可或缺的建筑语汇。通过基座这一台座将建筑抬高、与大地（场所）分离，这是古典主义建筑设计的基本方法。

在20世纪，柯布西耶通过底层架空将建筑与大地分离，醉心于将建筑作为单体追求其美学价值，在古希腊罗马时代，设计师们也同样使用基座将建筑与大地分离。

但是，在北非的古典主义建筑中，没有基座而直接在地面建造柱子和墙壁的建筑很多。或许这是出于北非人对大地与建筑、场所与建筑浑然一体的追求。发祥于希腊的普世主义在非洲大地因"场所"之力的作用而产生了微妙的变化。

罗马帝国灭亡之后，在中世纪，场所文化复活了。虽然中世纪欧洲的代表性建筑样式（罗马式、哥特式）都跨越了国界成为了全球流行的建筑风格，但是仔细观察就会发现，它们强烈反映了不同场所的特点。

建筑的形态会根据其所在场所产生微妙的差异。当然，所用石材也多就地取材，中世纪欧洲的建筑能充分反映出场所的多样性。

例如，同样是哥特式建筑，南欧的就更强调水平性（图25），北欧的则更强调垂直性（图26）。

图23：万神庙（120年前后，罗马）
　　在直径为43 m的神庙半球形穹顶设计了天窗，形成了庄严的内部空间

图24：塞卜拉泰的伊希斯神庙（1—3世纪）
　　罗马人在北非建造了许多这种没有基座的神庙

材料的多样性更在形式多样性之上。在建筑教材中出现的黑白照片，无法全面表现材料的特性，实际探访建筑时就会发现，构成建筑的石材、木材等元素所具有的力量以及建筑周围环境的自然力是压倒性的，因而也就不难理解它们是产生建筑多样性的关键了。

从普世主义的文艺复兴到主观主义的巴洛克

到了文艺复兴时期，普世主义的古典主义建筑再度复活。通过以数学（几何学）为基础的建筑设计，追求普遍美感的思考方式也再度复活（图24）。

罗马帝国的扩张主义虽然并未产生世界范围的普世化现象，但是在这一时期，各地的建筑师又重新向希腊、罗马的前辈们学习，再度开始追求普世的存在。

文艺复兴时期复活的古典主义建筑是基于建筑是客观的存在、建筑中存在着普世的、客观的、绝对的美这种思考方法的。根据个人随意分散的主观感觉，而对建筑产生的不同认识和感受并不在讨论范围之内。

我对于建筑客体与鉴赏它的主体之间的关系这种模糊复杂的问题并无太多关心。正因为建筑是客观的存在，所以反复复制在所难免，因此，普世性在世界范围内的应用也成为可能。为了突破混乱的中世纪的"黑暗"重围，普世主义又一次求助于数学的设计方法。

但建筑竣工之后，人们察觉到根据建筑各个部分的尺寸形成的数学秩序和在实际使用过程中能否感受到美之间有较大的落差。即使是重视数学秩序的文艺复兴风格建筑，也无法回避这个问题。

即使是在平面图、立面图上根据完美数学比例设计的"美丽的"建筑，实际建成后，在地平面上以人类的视角体验后就会发现，图纸上的美感与人类的建筑体验必定会有较大的差距。

视点的位置固然有一定影响，但实际上，人们的视点并不固定，而是移动的。根据移动的顺序和速度，人们会感受到建筑形态的改变。当然，图纸上的建筑是抽象化的，材料的类型和纹理都被抽象简化了。

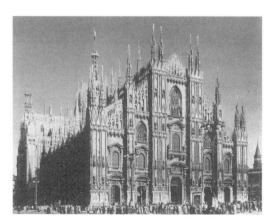

图25：米兰大教堂（1386—1577年，正立面于1813年竣工）
强调水平性的南欧哥特建筑代表作

图26：科隆大教堂（1248—1880年）
强调垂直性的北欧哥特建筑代表作

建筑这一客体与人类这一主体的关系非常复杂且不稳定。胡塞尔在 20 世纪倡导关注客体与主体间的不稳定关系的现象学。但是在很久以前，人们已经注意到了这种不安定性以及图纸与体验之间的差距。

在文艺复兴后登场的巴洛克建筑，站在重视实际体验和主观的立场上，对古典主义建筑施加了诸如倾斜、夸张、扭转等变形方法。

巴洛克原意指不规则的珍珠。从图上就可以看到，巴洛克建筑对数学秩序做了较大的变形，破坏了数学秩序本身。但这些变形并未使美丧失，反而使生机勃勃的空间在此诞生，带来了巨大的感动。

将建筑作为主观存在而非客观存在来对待的新趋势，孕育出了巴洛克风格的建筑，这是古典主义建筑中从未有过的动态美，令人感动。

巴洛克风格突出表现在室内设计上。在欣赏建筑的外观时，往往会与建筑保持足够的距离，从正面注视建筑，所以，亲身体验和图纸给人的感觉差距并不大。但是，在内部空间，很难确保与体验对象之间有足够的视距，也很难设定固定的视点，建筑的体验伴随着多样的、主观的移动而改变。

可以说，建筑的外部较为客观，而内部空间较为主观。对于主观存在的内部空间，巴洛克风格的建筑师们尝试了许多数学无法计算的心理学的设计，开拓了建筑的新的可能性。

19 世纪和"空间论"的登场

巴洛克风格之后，发生了里斯本大地震（1755 年）。当然，即使没有这场大地震，历史也会朝着"坚固合理的建筑"的方向发展。不应该依靠神和共同体的力量，而必须自己保护自己，所以，"坚固合理的建筑"很有必要，这种想法从大地震之前的中世纪末期的文艺复兴时期开始，就已渐渐在人们心中生根发芽。

19

（注 6）：胡塞尔（Edmund Gustav Albrecht Husserl 1859—1938 年，德国哲学家）

图 27：育婴堂（1421—1445 年），菲利波·布鲁内列斯基（Filippo Brunelleschi）
采用古典主义母题的最早的文艺复兴建筑

图 28：四喷泉圣卡罗教堂（Chiesa di San Carlo alle Quattro Fontane）（1646 年），弗朗切斯科·波罗米尼（Francesco Borromini）
在古典主义建筑上添加视觉效果的巴洛克风格代表作

里斯本大地震这一悲剧加速了设计思想向合理主义、个人主义发展的潮流。

灾难是历史进程的加速器，起到了涡轮增压器似的效果。

19世纪是为了实现坚固合理的建筑而进行各种技术性挑战的世纪。使用随处可得的混凝土和钢铁这些"普世材料"来建造坚固建筑的技术便产生于这个时代。

由帕克斯顿爵士（Sir Josef Paxton）设计的水晶宫（图29）、由约瑟夫·穆尼耶（Joseph Monier）设计的混凝土质花盆（图30）就是这个伟大的试错时代的象征。

经过这段时间的准备，到20世纪初，使用混凝土、钢铁、玻璃的普世建筑（即现代主义建筑）成为了一种建筑风格（图31）。

在19世纪，在走向合理主义的大潮流中，出现了空间这一崭新的概念。

简单来说空间就是虚空（void），即孔洞。人们不再将建筑只作为物体考虑，而是从物体和物体之间的虚空的角度来思考建筑，这种理论就是"空间论"。

德国建筑师、伟大的理论家戈特弗里德·森佩尔（Gottfried Semper）（注7）首次提出空间的重要性。这种想法主要在北欧国家的建筑师和理论家之间传播发展。

生活在北方的人，在室内度过的时间就越多，自然而然会从室内空间的主观体验来思考建筑设计，这就是向空间论的倾斜。例如，现代主义建筑理论领军人物之一阿道夫·路斯的空间论，就是森佩尔空间论的20世纪版本。

从15—16世纪的文艺复兴风格，到17—18世纪的巴洛克风格的转变，实际已事先进行了从物体论到空间论的转变。从将建筑作为客观物体、以外部视角观察的文艺复兴时代，到重视室内主观视角的巴洛克时代的转换，在这条延长线上19世纪的空间论登场了。

图29：水晶宫（1851年），帕克斯顿爵士

图30：戈特弗里德·森佩尔用铁网制成的混凝土花盆。这个花盆被认为是钢筋混凝土建筑的原型

这个转换也包括从追求客观的、普世美感的古希腊建筑，转换到同时关注室内视角的古罗马建筑的平行过程。一种新的建筑风格屡屡以"新的外观""新的形态"登场，进而逐渐开始关心内部空间，向着"体验的建筑论""空间论"的方向发展成熟。不论是从古希腊到古罗马，还是从文艺复兴到巴洛克，亦或是从18世纪末的乌托邦主义到19世纪的北方空间论的转变，这些都是同一种发展方式的重复。

有趣的是，引起建筑理论从物体论向空间论转化过程的原因是，能够自由设计内部大空间（虚空）技术的发展。利用古罗马·希腊没有的拱结构、穹窿结构，通过混凝土结构方式获得了巨大且丰富的内部空间。

在内部空间设计技术发展的同时，空间论也随之产生。由技术进步得到了更多的物体内部空间，内部空间的出现引发了新的设计的过程，这促进了建筑设计的发展进化。

技术的进步往往是新设计理论的触发器。技术领域的突破，为空间、主观领域的新发展准备了基础，这才是建筑史的活力所在。

这种情况同样存在于19世纪。里斯本地震之后加速了设计师们追求"坚固合理建筑"的步伐，其结果是使获得宽广自由的内部空间（图20）成为可能，这种技术转变的结果是使设计范式发生了转变。

在该过程中产生的新的空间主义、主观主义的设计方法，屡屡与为其提供基础的技术主义相对立，产生了各式各样的矛盾。其两者之间关系的调整仍需要一些时间。19世纪正是客观构造论和主观空间论分裂、摇摆、变形的时代，因此，19世纪也是一个发人深省的时代。

21

（注7）：戈特弗里德·森佩尔（1803—1879年）：19世纪德国古典主义建筑家。也是众所周知的理论家、现代主义先驱者之一。

图31：玻璃摩天楼方案（1922年），密斯·凡·德·罗

图32：红屋（1859年），菲利普·韦伯（Philip Webb）+威廉·莫里斯（William Morris）
用户红色砖砌住宅代表艺术与工艺美术运动（Arts & Crafts Movement）是莫里斯的目的所在

基于艺术与工艺美术的"场所"复活

19世纪末的艺术与工艺美术运动作为冲破当时的分裂局面的重要运动而受到关注。那时，各领域都掀起了冲破这种矛盾的各种运动。它们形成了"世纪末"这一独特的氛围。

作为"世纪末"运动代表的艺术与工艺美术从业者在里斯本地震以后，开始关注迅速丧失的"场所"的多样性，根据"场所"试图统一分裂的构造与空间、主观与客观。

他们被称为中世纪主义者——以中世纪为理想时代，而进行回归中世纪的各种努力。但是，他们的运动远不仅是缅怀中世纪，而是更具有攻击性。

艺术和工艺美术运动的目标是恢复里斯本地震后正在快速丧失的"场所"。为实现该目标，他们着眼于"场所"蕴含的力量，着眼于中世纪那些光辉灿烂的"场所"，并以恢复这种状态为目标（图32）。

作为恢复"场所"的具体策略，他们着眼于"生产"这一人类活动。仔细观察他们理想中的中世纪城镇就会发现，赋予各个场所活力的正是生产这一行为。

艺术与工艺美术运动察觉到，选用场所中的材料，通过当地工匠的手艺，制作并传承传统的东西才是场所力量的根源所在。

如果不带着生产的观点去面对场所，那么人们就只是观光客，只是主观地、感性地享受场所的观察者而已。一旦被限定在观察者的视角内，就不可能化解构造论和感觉论的分歧了。

使与场所共生的工匠复活，从生产的立场使场所复活，这正是艺术与工艺美术运动关注的本质。

令人遗憾的是，艺术与工艺美术运动的时间很短。这是因为这项运动企图复活的中世纪性质的生产活动与当时势头正猛、不断发展的工业化潮流完全是相悖而行的。

总而言之，20世纪是一个工业时代。以高效率大工厂的生产活动为基础的工业时代取代了与场所经济、场所文化密切相关的小规模工匠作坊活动。

图33：AEG的弧光灯（1907年），彼得·贝伦斯（Peter Behrens）

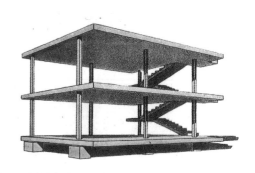

图34：多米诺体系（1914年），勒·柯布西耶

以中世纪的生产模式对抗20世纪方兴未艾的工业生产活动这一战略，刚好遇到了最坏的时机。因此被说成是空想怀旧也就在所难免了。从结果来看，虽然艺术与工艺美术运动持续的时间很短，但其所提出的"场所"和"生产"正是当今关注的话题。

从艺术与工艺美术到现代主义

深刻反省艺术与工艺美术运动的失败，以工业社会单一产品大量生产这一生产活动为媒介，统和构造论和空间论，这正是20世纪的现代主义运动要做的。重要的是，这项运动也以生产为媒介。

现代主义的代表建筑家勒·柯布西耶和密斯·凡·德·罗等都曾在彼得·贝伦斯（注8）事务所工作也绝非偶然。

贝伦斯作为德国机械制造商的代表，独自承担了AEG的全部产品设计（图33），亲临工厂生产现场，对工业的本质有着正确的理解。作为建筑设计事务所，可以说这是一个打破传统的工作室。在这个特殊的场所，柯布西耶抓住了工业"是什么"这一问题。柯布西耶倡导的多米诺体系(1914年)（图34）作为一种预制施工法，体现了他是如何理解工业化社会的本质的。

另外，早于柯布西耶的法国现代主义建筑领军人物奥格斯特·佩雷（Auguste Perret）（注9）（图35），作为混凝土生产公司的所有者，也和贝伦斯所处的环境一样，可以近距离体验工业生产活动，能亲身感受工业生产活动的本质。

他们成了理解工业本质的核心设计师，完成了构造论和空间论在20世纪的整合。在将物质基于工业社会的理论基础，进行科学的组合的同时，他们还以建筑实例证明了创造物与物之间丰富的间隙＝孔洞＝内部空间的可能性。

23

（注8）：彼得·贝伦斯（1868—1940年）：德国建筑家。
（注9）：奥格斯特·佩雷（1874—1954年）：生于比利时的法国建筑家；运用钢筋混凝土的先驱。

图35：富兰克林大街公寓（1903年），奥格斯特·佩雷＋古斯塔夫·佩雷（Gustave Perret）
钢筋混凝土结构的最早期的现代主义建筑

图36： 在萨伏伊别墅楼层中央设计的斜坡

在柯布西耶的作品中，占据萨伏伊别墅（1931 年）（图 19）中心的通风空间堪称是整合了构造论与空间论的杰作。柯布西耶通过多米诺体系表达出同一平面反复堆叠的方式，这是工业化社会高效率的最佳答案。但是，在萨伏伊别墅中，柯布西耶在平面正中心设计了巨大的竖穴，活力四射的的人居空间就这样诞生了。这就是柯布西耶式的整合方法（图 36）。

而密斯在其巴塞罗那展览馆（1929 年）（图 37）的设计中，实际演示了他的整合方法。从巴塞罗那世博会德国馆的建筑设计平面图（图 38）可以明显看出，钢筋混凝土柱子排列布置在规则的网格上。此设计完全符合工业化社会典型的效率、经济系统。密斯在这个系统的基础上，自由设置了间隔墙（partition），展示了与柱网无关的、自由的布置方法。

这样设计之后会有怎样的效果呢？在均质而又乏味的空间中突然产生了流动性、方向性，死气沉沉的空间开始畅快地呼吸。并且，密斯还使用了令人赏心悦目的石材来制作这些间隔墙。

在石材间隔墙的间隙产生的流动空间，正是密斯在工业化社会中打开的通风口。与萨伏伊别墅中的竖向吹拔不同，密斯设计的是横向吹拔。

通过这样的设计实践，柯布西耶和密斯将构造论（科学）与空间论（主观）漂亮、优雅地整合到了一起。

柯布西耶与密斯开启的两个通风口克服了 19 世纪的分裂，现代主义建筑思潮瞬间席卷了 20 世纪的工业社会。

基于后现代主义的"场所"的复活

现代主义建筑的成功是压倒性的。不管怎样，它不仅消解了 19 世纪的分裂，还最终整合了文艺复兴对巴洛克、普世性（客观性）和主观性这一建筑史上悬而未决的问题。

但是，在现代主义建筑成功的背后，受到最大危害的正是"场所"。工业生产活动的基础就是单一产品的大量生产。使用混凝土、钢铁、玻璃等世界范围内都随处可得的材料大量建造模块化的建筑，这正是现代主

图 37：巴塞罗那展览馆（1929 年），密斯·凡·德·罗

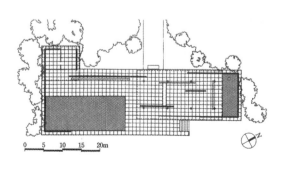

图 38：巴塞罗那展览馆平面图
柱网的规则布置和分隔墙的自由设计形成了鲜明的对比

义建筑的本质。不同的"场所"的生产活动被这种工业化的方法破坏了。形成场所经济基础的当地材料和当地工匠被工业社会的生产形式破坏，正逐渐消失。

有几个建筑师很早就意识到了这些破坏会给人类社会造成的危害。例如北欧芬兰的阿尔瓦·阿尔托（注10），他着眼于北欧传统的木工技术（图39）、玻璃制造技术（图40）、砖石技术（图41），提出了对现代主义建筑普世（国际主义风格）设计方法的反对意见。

在亚洲和非洲，也有建筑师以"场所"的特有属性为武器与国际主义风格进行对抗。其中埃及建筑师哈桑·法赛（注11）早在20世纪40年代就开始关注当地传统手艺中的日晒砖制法，并用其进行建筑物的建造，创立了新的埃及建筑风格（图41）。

在一系列对抗普世设计方法（国际主义风格）的运动中，规模最大、最轰动社会的要数20世纪80年代的后现代主义运动。美国建筑师路易斯·康（注12）的活动成为了后现代主义的一种起因和契机。

康提倡恢复古希腊罗马的古典主义建筑设计手法的精髓。简单来说，就是希望取代现代主义建筑中的流动空间，恢复以封闭箱体为基础的古典主义建筑中的静止的向心空间（图43）。

德国现代主义运动的中心人物瓦尔特·格罗皮乌斯（注13），将现代主义运动基地从德国的包豪斯转移到哈佛大学之后，哈佛大学就成了美国现代主义运动中心。一些年轻的建筑师深受康的理念触动，他们以宾夕法尼亚大学、耶鲁大学等哈佛大学的竞争对手为基地，从20世纪70年代开始对以哈佛为中心的现代主义建筑展开了攻击性批判。

（注10）：阿尔瓦·阿尔托（Alvar Aalto, 1898—1976年）：芬兰建筑师，家具设计师。

（注11）：哈桑·法赛（Hassan Fathy, 1900—1986年）：埃及建筑师。

（注12）：路易斯·康（Louis Kahn, 1901—1974年）：出生于爱沙尼亚的美国建筑师，历任耶鲁大学、宾夕法尼亚大学教授。

（注13）：瓦尔特·格罗皮乌斯（Walter Adolf Gropius, 1883—1969年）：代表现代主义建筑的德国建筑师。1919年担任包豪斯校长，1937年转到哈佛大学，领导了美国的建筑教育。

图39：玛利亚别墅（Villa Mairea）（1938—1939年），阿尔瓦·阿尔托

图40：1937年在巴黎博览会上展出的阿尔托花瓶，阿尔托与芬兰的伊塔拉（Iittala）公司合作，设计了许多风格独特的玻璃制品

20世纪70年代对美国而言是一个巨大的转折。在20世纪50—60年代，强大的美国势力继续向世界扩张，美国风格达到了普世主义的巅峰。美国的工业生产也在世界上处于绝对领先的地位。美国产的汽车行销全世界，美国的超高层建筑也成了世界大城市争相效仿的对象（图45）。

但是，在越南战争之后，美国的扩张主义和普世主义都遭受了挫折。越南虽然很贫穷，但那些扎根于越南固有"场所"的平民却战胜了美国式的粗暴的普世主义。

尼克松总统宣布从越南撤军（1969年），越南战争结束。以此次战败为契机，美国开始了重大变革。

在新的氛围中，在康之后又诞生了罗伯特·文丘里（注14）的建筑设计理念。

文丘里不赞成对外扩张普世主义的美国，而是着眼于获得世界霸权之前的美国，重视那个时期的美国在这一"场所"所进行的建筑设计（图46）。

简而言之——过去，优秀的美国建筑是古典主义建筑的乡村版本。

这正是康关注古典主义可能性的原因，文丘里继康的开拓性贡献之后，继续追求美国式的古典主义回归。

针对20世纪后半期的反现代主义（Anti-Modernism）思潮，英国的建筑评论家查尔斯·詹克斯（注15）将其命名为后现代主义（《后现代主义的建筑语言》：查尔斯·詹克斯著，1977年）。

后现代主义这一名称对后世有着深刻影响，使得"后现代主义"一举超越了建筑行业范畴，认为工业社会会终结的人们都喜用这个名字。它甚至成为了世界流行语。

20世纪80年代，以回归现代主义之前的建筑风格为目标的后现代主义建筑，在世界范围内呈现"井喷"式建设。取代"工业时代"的是80年代的"金融时代"。金融时代表现为世界范围的房地产热。经济全球化使资金向高收益的房地产投资大量集中，因而掀起了空前的房地产热潮。

理清思路就会发现，工业化其实就是"物

图41：夏季别墅（1952—1953年），阿尔瓦·阿尔托
阿尔托自己的浮于湖畔的别墅墙面是他进行砖石堆砌方法实验的地方。

图42：古纳新村（New Gourna）（1945—1948年），哈桑·法赛

品"的流通。从价格低廉的地方采购材料，赋予其附加值，向能卖出高价的地区贩卖。继从19世纪到20世纪中期的"物品"流通时代之后，20世纪80年代以后世界进入了"资金"流通、资本流通的时代。人们意识到，与"物品"流通带来的利益相比，"资金"流通获得的利益更大、更快。

伴随着"资金"流通的热潮，最适合进行大规模建设的是大城市的摩天楼地区，而这里的装潢设计非后现代主义风格莫属（图47）。

这是因为，一旦用后现代主义标志性的设计手法取代现代主义的方盒子，就能很快地提高房地产的附加值。机敏的开发商迅速注意到了后现代主义的经济潜力。

即使是在摩天大楼设计之外的其他领域，后现代主义也以惊人之势流行。现代主义风格属于非人性化的工业社会的设计，而后现代主义风格的设计则温暖人心，因而受到了人们的普遍欢迎。

后现代主义似乎战胜了现代主义。但是，

在这个过程中，后现代主义丧失了关键性的东西。后现代主义其实是基于批判现代主义普世观开始的。是从越南战争中丧失了自信的美国式普世主义中反省产生的。

但是，建筑师们却以古希腊罗马之后的西欧建筑的基本语汇古典主义建筑作为对抗现代主义的武器。如前所述，古典主义的本质是抹杀场所的普世主义。这也是后现代主义运动在美国迅猛发展的一大原因。

殖民时期的美国，通过引进当时在欧洲占主导地位的古典建筑理论，确立了自己的风格。这就是殖民地的宿命，美国这一"场所"与古典主义建筑风格很难划清界线。

（注14）：罗伯特·文丘里（Robert Venturi, 1925年）：美国建筑师。身为后现代主义运动理论支柱的同时，还在实践中领导了20世纪后半期的美国建筑界。

（注15）：查尔斯·詹克斯（Charles Jencks, 1939—）：出生于美国，主要在英国活跃的建筑评论家。

图43：菲舍住宅（Norman Fisher）（1967年），路易斯·康通过两个封闭木箱的错动，创造了古典主义的富有变化的空间

图44：孟加拉国·达卡首都大学·国务院（1962—1974年），路易斯·康向心的空间构成仿佛是古代的遗迹

这也是为什么人们将美国建筑称作古典主义建筑的乡村版本。若继续发掘美国这一"场所"，可以追溯到前美洲（Pre-Columbian，哥伦布发现美洲大陆之前的美洲）时期的美国土著建筑传统风格（图48）。若要从传统中寻找与现代都市设计的关系，美国建筑家也只能从前美洲时代寻根溯源，但却鲜有人这样去做。真正认真钻研的仅有弗兰克·劳埃德·赖特（Frank Lloyd Wright）（图49）。

其结果就是后现代主义运动仅仅是古典主义建筑的惨淡复兴。

遗憾的是，后现代主义建筑风格的流行加速了"场所"的丧失。由于经济全球化带来的房地产热，在全世界新建的后现代主义摩天大楼如雨后春笋般将世界变得更加千城一面。

从"物"的工业化社会走向"场所"的后工业化社会

到了20世纪90年代，后现代主义建筑思潮和预期一样迅速偃旗息鼓。其原因在于时代的范式已从普世主义转向了地域主义。以单一产品大量生产为基础的扩张主义工业化时代结束了，以第三次产业革命（服务业）为主导的社会终于到来。

在工业化社会，向世界各地大量销售某几个品种的产品即可获得利益。住宅设计领域甚至也利用工厂装配产品的方式大量生产，以提高生产效率，获得利益，这种方法逐渐成为这个时代预制装配式住宅的典型方法（图50）。

即使是住宅以外的一般建筑物，也采用工厂大量生产的标准件——水泥、钢架、钢筋、玻璃——来装配制作，这种方法论与预制装配住宅并没有本质区别。

为了给以这种方式生产出来的大量产品赋予个性，设计师就在表面粘贴诸如铝制金属板、饰面砖等材料作为装饰。但是，就连这些表面材料都是由指定的大工厂以大量生产的方式获得的，这样获得的"个性"是与建筑所处的场所及历史文脉无关的、非常肤浅单薄的东西。

图45：利华公司办公大厦（Lever House）（1952年），SOM
SOM这样的大机构领导着美国式的现代主义建筑

图46：母亲之家（1963年），罗伯特·文丘里
文丘里积极肯定了建筑是一种"广告牌"的观点

就连石材都是从最便宜的产地（例如中国）获得的，由高效率的大工厂切割加工之后运送到世界各地，这与按照模数制造的工业产品没有本质的区别（图51）。

这种类型的工业社会建筑，施工迅速即是其卖点，它们以惊人的速度破坏了"场所"和世界。

但是，在工业化社会之后的第三次产业革命时代，并不是针对"物"和"商品"的时代，而是购买服务，即信息交流的时代。这个注重信息交流的时代，是"场所"再次获得意义的时代。这是因为人类具有的以"场所"为媒介，与自身周围的世界进行交流的本能。

如果人类没有身体而是浮游于空间中的抽象存在，那么也就不需要"场所"这样的媒介了。但是，只要身体尚存，人类就无法离开"场所"。"场所"是交流的基础，"场所"决定了交流的质量。

"物"的价值是由其能带给我们什么样的信息所决定的。而"物"与我们的信息交流又是由进行这一活动的"场所"所规定的。

但是，在"物"对人类有决定性影响和支配作用的工业化时代，人们对与"物"背后的"场所"之间信息的交流非常迟钝。这是一个只看到眼前之"物"的工业社会。

以第三次产业革命为标志的后工业化时代，人们把关注点从"物"转移到了信息交流上。所以，作为信息交流基础的"场所"是所有人类活动的基础，它又一次得到了人们的关注。

人们开始追求与时代相符、扎根"场所"的建筑。这里追求的并不是作为"物"的建筑，而是作为"场所"的建筑。是将"场所"中特有的材料、场所中培育出来的独特技术与场所合为一体的生活。以此为契机，我们提出了如何复活"场所"这一问题。

图47：AT & T 大楼（1984年），菲利普·约翰逊（Philip Johnson）＋约翰·伯吉（John Burgee）
将摩天大楼顶部稍作设计来提升房地产价值的手法是后现代主义的看家本领

图48：奇琴伊察（Chichén Itzá）（9世纪前后）
墨西哥·玛雅文明遗址

艺术和工艺美术运动与现代主义一样，都着眼于生产这一行为。生产作为人类活动的媒介，起到了试着整合客观与主观、构造论与空间论的作用。将生产作为媒介，似乎可以得出建筑史上那个悬而未决问题的答案。

那么，为什么建筑师会关注生产呢？其实关注"生产"的不仅是建筑师。现代的哲学家也同样在回归"生产"这一解决方案。

"生产"与"整合"的哲学

客观与主观、构造与空间的整合不仅仅是建筑领域的问题。人类为了生存下去必然需要客观的、普世的规则，同时也必须重视个人的、主观的、感性的多样性。这正是人类最本质的悬而未决的问题。如何与不同性格的同伴和陌生人友好相处，可以说是个未解决的难题。

哲学领域一直在探索，希望找到这一悬而未决问题的答案。

在17世纪，笛卡尔就指出客观与主观的对立是哲学的最大课题。18世纪英国经验主义尝试着使用主观的、从个人经验出发的自下而上的方式，而非普世规则的自上而下的方式填补这一空缺。

18世纪德国的康德（注16）一代是受里斯本地震影响最大的一代人，受此影响他甚至写了地质学方面的专著。虽然里斯本大地震让人产生了"神是否抛弃了人类"的疑问，并因此受到了打击，但出生于虔诚的新教徒之家的康德还是将信仰贯穿始终。康德从里斯本大地震和信仰之间的矛盾出发，迈向了批判哲学这一崭新的哲学领域。

批判哲学将人类个体的判断力分为理性和感性两部分，所谓理性是指超越个人而普遍存在的法则。康德就这样将人类的认知能力划分为两部分（理性和感性），试图解决普世性与主观分裂的问题。

康德之后的哲学家，大体分为理性和感性两派。一种方向是彻底发掘人类的内心世界，即继索伦·克尔凯郭尔（注17）、胡塞尔（Edmund Gustav Albrecht Husserl）、梅洛—庞蒂（注18）之后的现象学流派。

图49：埃尼斯住宅（Ennis House）（1923年），弗兰克·劳埃德·赖特
赖特挖掘美国的根源，试图看清美国

图50：Sekisui·heim M1（译注：由积水化工销售的住宅品牌）（1971年），大野胜彦
用卡车运输组装式的长方体，再用吊车安装已完成的住宅，开创了日本预制装配式住宅的先河

30

他们致力于深度分析人类的经验，但无论怎样深入剖析，也仅使得主观的"洞穴"愈发深邃，仍无法解决普世性（世界）与主观的分裂问题。

另一种方向则是以斗争的观点看待世界。虽然欲追求全人类共通的普世性，但是展现在现实面前的广阔世界却处于与普世性相差甚远的混乱状态，这是一个有着不同阶级、不同民族，充满分歧和斗争的世界。基于对现状的冷静认识，产生了诸如黑格尔（注19）和马克思（注20）的用斗争观点把握世界的看法。

但是，即使向着该方向不断探索，仍旧无法解决世界（普遍）与个人（主观）的分裂问题。在持续的斗争中的最终胜利者（阶级的胜利者或者民族的胜利者）的独裁或许可以整合世界和个人，但是对于人类来说这绝不是幸福的状态。

不管是现象论，还是斗争论，都找不到整合世界（普遍）与个人（主观）的方法。

在这种绝望之中，出现了消除这一分裂的哲学家。这就是德国的海德格尔（注21）。海德格尔将人类定义为被世界严重束缚并限定的存在。即人类是世界规则下的弱者。他将这样的人类称为现实的存在（Existence），他也因此被称为存在主义的创始人。他使用规则这一词汇，表达了连接强大的世界（普遍）与柔弱的个人（主观）的连接方法。他的存在主义哲学洞悉了人类屈服于"场所"的"屈服"哲学。

（注16）：伊曼努尔·康德（Immanuel Kant）（1724—1804年）：德国哲学家。著有《纯粹理性批判》）（1781年）、《实践理性批判》（1788年）等著作。

（注17）：索伦·克尔凯郭尔（Soren Aabye Kierkegaard，1813—1855年）：丹麦宗教、哲学思想家，对存在主义有一定影响。

（注18）：莫里斯·梅洛－庞蒂（Maurice Merleau-Ponty，1908—1961）：法国哲学家，开拓了现象学的新领域。

（注19）：黑格尔（Georg Wilhelm Fridrich Hegel，1770—1831年）：德国哲学家，提倡辩证法。

（注20）：马克思（Karl Marx，1818—1883年）：德国经济学家、哲学家、科学社会主义倡导者。对由阶级斗争引发的无产阶级运动有重大影响。

（注21）：海德格尔（Martin Heidegger，1889—1976年）：德国存在主义哲学家，著有《存在与时间》（Sein und Zeit，1927年）等著作。

图51：中国的石料切割厂
将廉价的石材切成薄片运往世界各地的施工现场

海德格尔并没有使用"场所"这个词汇。但是，只要承认了世界的多样性，他的存在主义就是"场所论"。

所谓个人，就是在场所这一浓重人文氛围限定下的脆弱的存在理论。

其实在 20 世纪中期之后，那些否定普世主义、引导场所论的人们，例如《风土》的作者和辻哲郎（注 22）、将场所精神（注 23）这一概念引入世界现代建筑领域的建筑评论家诺伯舒兹（注 24）、以日本文化为题材考察场所如何决定主观的《空间中的日本文化》的作者奥古斯丁·伯克（Augustin Berque），都强烈地受到海德格尔的理论影响。现代意义上的场所论全都起源于海德格尔。

海德格尔的兴趣不在于制造对立，而在于寻求过渡。在被作为建筑论而广为人知的著名演讲《筑居思》（*Bauen Wohnen Denken*）中，他将建筑比喻为桥。海德格尔建筑理论的独特观点就是建筑不是塔，而是桥。

人们不断地在问，建筑到底是塔还是洞窟呢？将建筑作为塔的建筑理论把建筑视为独立的纪念碑，重视建筑的外观。可以说这是希腊的、文艺复兴式的、重视普世主义的建筑理论。

另一方面，将建筑看作洞窟的建筑理论重视体验和内部空间，是中世纪的、巴洛克式的建筑理论。教材《建筑原理》几乎就是从这两者的对立开始讨论的。

对后现代主义思潮之后的建筑界带来重大影响的曼弗雷多·塔夫里（注 26），在他的著作《球与迷宫》（1980 年）中，针对三角锥和迷宫这两个对立项进行了整理，但这也是塔和洞窟的变奏曲之一。

但是，海德格尔并不认为建筑是塔或是洞窟，而是将建筑定义为桥。桥矗立在河岸之间，被作为建立秩序的要素而进行了集约化处理。也就是说，作为桥的建筑的存在，将它周围存在的场所整合为一个整体。海德格尔超越了塔和洞窟这一长久对立的问题。

20 世纪后半期，解构主义的哲学家们尝试使用与海德格尔不同的方法整合客观与主观、普世性与场所性的问题。他们关注的焦点不是亚里士多德的场所论，而是柏拉图的天球说（场论）。

柏拉图在其主要著作《蒂迈欧篇》（注27）中宣称母体即是母亲。他认为，母体（母亲）、父体（给予规范的事物）与子体（从主观立场否定规范的事物）之间都没有关系，它们具有完全凭借自己独特的方式，在自身内部形成形态、波动的能力。从母体的内部可以产生各种各样的纯粹形态。

解构主义领军人物之一雅克·德里达（注28）以符号学的观点对世界进行分析，从符号学的立场出发分析了"作为受体的母体"这一概念。正因为是母体，所以她才能作为记录各式各样事物的受体，但她自身却永远不会出现在众人面前。她本身虽作为母亲而存在，但却又是永远的少女，这就是德里达的母体论[《柏拉图的"药"》（*Plato's Pharmacy*），德里达著，1958年]。

也就是说，超越强加规则于世界的事物（即父亲）和否定规则的人（即孩子）之间的对立、可以包容所有规则、具有孕育所有规则能力的就是母亲。

克里斯蒂瓦（注29）同样也关注母体论。在克里斯蒂瓦的研究之后，母体论成为了知识领域的热潮之一。克里斯蒂瓦也从其1975年的自身分娩体验中重新发现了母体论的意义。

根据她的理解，母体是孕育的容器，是一个孔洞。她关注能够克服父亲（给予规范的事物）与孩子（基于主观的对规范的反抗）之间弗洛伊德式对立的事物，这就是母亲的可能性。她将母亲比喻为接纳、孕育、生成世界的开口部位，是生机盎然的存在。在此处进行的生产是与始于20世纪扩张主义的工业生产完全不同的生产活动。克里斯蒂瓦尝试利用母体的概念对弗洛伊德主义进行解构。

母体论被认为与始于日本古代信仰的守护神（宿神）的概念相似（《精灵之王》，中泽新一著，2003年）。新石器时代在世界各地流行的母性信仰即是柏拉图的母体论的理论基础。这样看来，新石器时代与柏拉图所处的时代之间也没有那么长的时间间隔。

接纳、同时孕育一切的开口部位，这就是"场所"的定义。在接受此处存在的各种各样的自然资源、历史资源的基础上，产生新的人类世界，这就是"场所"。

（注22）：和辻哲郎（Watsuji Tetsuro，1989—1960年），伦理学家。夏目漱石的门生，历任东洋大学、京都大学、东京大学教授。在风土论和文化史方面业绩显著。

（注23）：genius loci，拉丁语，表示镇守和保护土地的神。

（注24）：克里斯蒂安·诺伯舒兹（Christian Norberg·Schultz，1926—）：挪威建筑师、建筑史学家、理论家。

（注25）：奥古斯丁·伯克（Augustin Berque，1942—）：法国地理学家、日本文化研究者。著有《空间的日本文化》等著作。

（注26）：曼弗雷多·塔夫里（Manfredo Tafuri，1935—1944年）：意大利建筑史学家。

（注27）：《蒂迈欧篇》（*Timaios*）：柏拉图后期对话集，以宇宙生成论为主题，给整个中世纪带来了一定的影响。

（注28）：雅克·德里达（Jacques Derrida，1930—2004年）：出生于阿尔及利亚的法国哲学家，解构主义的代表。

（注29）：茱莉亚·克里斯蒂瓦（Julia Kristeva，1941—）：出生于保加利亚的法国符号学研究者。

场所不仅仅是体验的对象，同时也是生产的开口处。通过这个开口才能产生立足于场所的建筑，进而产生与大地融为一体的生活。

当开始关注"生产"这一活动时，就会发现"场所"突然放出了光芒。若能通过开口处（场所）的力量将建筑与生活连为一体，那么建筑作为纽带，也能将场所和生活连接起来。

请注意"开口处"这一词汇。所谓开口处本质上都是很小的东西。正因为小才被称作开口处。"场所"就是存在于没有头绪的广袤世界中的微小的开口处。

场所本身就是很小的存在。正因为小，才能去粗取精，进行生产。"国家"这个场所过于宽广，只有更小的存在才能称得上场所。

从"大场所"到"小场所"

现在的后工业化社会，是一个国家概念被不断淡化的时代。在以国家为框架的范围内运作的传统企业将被淘汰、被弱化的时代终于到来了。

在这个时代，只有跳出国家框架参与国际化活动的跨国企业，以及与地区紧密结合的小型企业才能存活下来。全球化的跨国企业实力可以凌驾于国家经济实力之上，国家被相对弱化，成了一种模糊的存在。

其结果就是几乎所有国家都面临严峻的财政问题，国家的领导力和权威日益下降，政治的不稳定状态持续不断。国家结构本身在动摇的情况并不仅仅是日本特有的。

在这个新时代我们应该依靠的"场所"早已不是国家这一"场所"了。那种依靠日本或美国这样的"大场所"进行建筑设计和城市规划的方法也变得毫无意义。即便是追求日本风格或者美国风格的建筑也是如此。

在从普世主义转向"小场所"的过程中，其重大的转折点应该就是 2011 年 3 月 11 日发生的东日本大震灾、海啸以及福岛核电站泄漏事故吧。

以前，日本的东北地区是"小场所"宝库。在沉降式海岸的小河湾中、在被森林阻隔的小山谷中有着数不清的、丰富多彩的"小场所"。

但是，在20世纪工业化的潮流中，这些"小场所"遭到了快速破坏，并渐渐消失。那里的人们离乡到东京打工、各种业务被东京的企业承包，这类从属于东京的生产和消费形式蹂躏着东北地方，"小场所"也就渐渐消失了。

其中，核能发电厂是最典型的东京从属性企业。因为给东京人提供了生活所需的电力，当地周边地区得到了大额补偿金，建造了游离于"小场所"生活规模的巨大的公共设施，结果，却中断了与土地相关的生产和活动。

被掠夺了"场所"的东北地区通过这次大灾难展现在世人面前。与大地绝缘、被弱化了的场所，由于惊人的自然伟力，也由于人们对自然的漠不关心，而遭到了彻底的破坏。

海啸把一切都冲走了。眼见其击碎一切的惊人力量，我目瞪口呆。但是，即便如此，正因为什么都没有了，才更让人感受到残留下来的事物。

场所以及沉淀于场所中的时间和记忆，是绝不会被海啸冲走的。

这是一场灾难，但如果转换视角，这也应该是大变革的时机吧。

我坚信这场灾难是继1755年里斯本大地震之后改变历史潮流的契机。

里斯本大地震时期正是场所与人类开始分离的普世性时代。与此相反，东日本大震灾是场所与人类再次结合、复活"小场所"时代的开始。

我不认为东北地区在过去是"小场所"的宝库只是偶然。我们应该有成为后里斯本地震时代的分水岭和回归"小场所"的使命感。新的时代开始了。

龟老山展望台

KIROSAN OBSERVATORY
1994 年

消隐建筑，复原山体

所在地：爱媛县今治市

设计时间：1991 年 11 月至 1993 年 5 月

施工时间：1993 年 3 月至 1994 年 3 月

主要功能：展望台

结构：钢筋混凝土

桩·基础：扩展基础、筏板基础

用地面积：4193.63 ㎡

投影面积：473.83 ㎡

建筑高度：11,350 mm

护坡围墙高度：7500 mm

所处地段：国立公园第二种特别用地

从箱型到洞窟型

这是一个以"建筑的消隐"为主题的项目。项目期望将建筑消隐，复原地形和场所。

场所是濑户内海的大岛。本四架桥（译注：连接本州和四国的联络桥）的建成使很多人可以造访此处，所以村长希望我们能在山上建造展望台。

到龟老山现场一看，令人大吃一惊。山体被削去了一大块，被建成了一个平坦的停车场。放眼望去，四周散布着濑户内海的小岛。这一带被称为艺予群岛，岛屿数量众多，多岛的海洋景色优美动人。龟老山是这些大岛中最高的山。

村长的期望是在这里建设一座村子的标志性建筑——展望台。在村子的最高峰上建造村子的标志并不是令人惊讶的想法。这是 20 世纪共通的想法。

20 世纪出现了许多巨大箱型的公共建筑，可以说是一个箱型的时代。其中一个理由是因为建造公共建筑与获得的选票数

竣工后的航拍。因植被还没完全生长，尚能看到土堆和原有森林的差异

直接相关。建筑领域甚至左右了选举结果，发挥了巨大的政治影响。

还有一个理由就是凯恩斯政策（Keynesian Fiscal Policy）。经济学家凯恩斯认为通过建造公共建筑可以促进经济复苏，该理论对第一次世界大战后的20世纪起到了一定的影响。基于这些理由所建造起来的20世纪的公共建筑，都是符合政治家的普通趣味的纪念碑式的视觉焦点。

但在山顶现有的沥青停车场上再建立孤零零的塔状展望台，光是想象那一场景都让人感到寂寞难耐。如果真的这样，就太对不起这优美的大自然了。箱型建筑是切断与场所关联的物体。在箱型时代之后，我准备探索

场所与建筑的新方案。

我们设计的展望台方案，恐怕和村长期待中的设计完全相反。村长在看到模型之后仅仅是应了一声。我们提出的方案是要复原削去山体建造停车场之前的景观。在复原的山体中嵌入细长的展望台。在地面几乎看不到这个细长条。这个设计方案追求的是不可见的建筑。

没有外观，也没有形状。嵌入被树木包围的细长缝隙之中，完全被大地包裹。抬头可以看到被切成方形的濑户内海的蓝天。从剖面图可以看到，在为了建造停车场而被切削的地面上，用混凝土浇注了U型剖面，然后在其上堆土栽种植物，恢复其地形和植被。

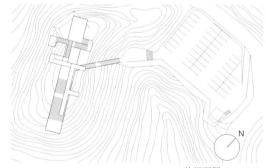

总平面图 1：1500

在最初的方案中，展望平台是横向设置的
嵌入复原山顶中的展望台

在大地中伸展出来的细长条可容纳 300 个座席。我们极力主张在展望台的预算中加入一个可容纳 300 人的剧场，并说服村长接受这个"看不见的建筑"的设想。这是一个非箱型的洞窟型建筑。

树木大概 3 年就能长成，如果从狭缝中插入基地，正面就是通向空中的台阶。登上这个台阶，身体好像突然被投掷到了多岛海面上。

在这个只有 8000 人口的小村子里，还未有过剧院和会馆。有演出的时候，只能将中学的体育馆作为演出场所。

这种有着古希腊圆形剧场截面形状、可以容纳 300 人的大台阶设计，与任何文化会馆相比都不逊色。就如同希腊剧场与地中海的自然景色融为一体一样，300 人的剧场和濑户内海也融为了一体。

自然与人工交界的设计

在技术方面，如何绿化填了新土的陡坡是个难题。我们首先用穿孔金属板防止砂土塌方，通过膨胀螺栓将穿孔金属板与主体混凝土建筑的躯体相连。

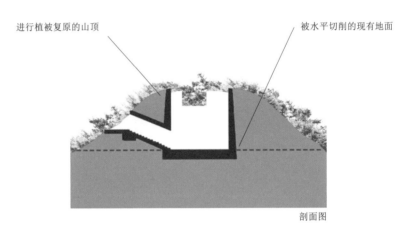

进行植被复原的山顶　　　　被水平切削的现有地面

剖面图

竣工后又过 3 年。在回填土上长出茂盛的植物，接近了"看不见"的状态和"消隐建筑的状态"

我们研究了周围的植物，收集种子，将它们撒到最大 45° 的斜面上。但是若用一般的方法播种，种子肯定马上就会被雨水冲走。所以利用了背架泵将混合了肥料、种子、布片的黏性液体喷洒到斜面上。这种方法播下的种子即使下雨也不会被冲走。在被乌黑的泥土覆盖的斜面上萌发出绿芽的景象十分令人感动。就像这个绿色斜面一样，设计自然与人工交界部分是最为困难的。可以说自然袭击了人和物的存在，反过来，人造物的暴力又痛击了柔弱的自然。

日本的传统建筑对这部分的设计特别用心。篱笆和屋檐正是汇集了这些细节的宝库。虽然完全切断自然与人造物的联系事情就会变得简单，也没什么值得烦恼的问题，但正是让自然和人造物两者互相靠近，互相争斗，才能体会到日本建筑的奥妙。如果一边考虑矛盾场所中可能产生的各种危机，一边认真设计交界，就能看到自然带着从未有过的栩栩如生的表情，正生机勃勃地向我们走来。

认真设计自然与人造物的交界面，可以使人造物融合于场所之中。

标高 307.5 m 平面图 1∶1000

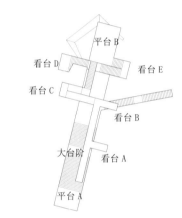

标高 313 m 平面图 1∶1000

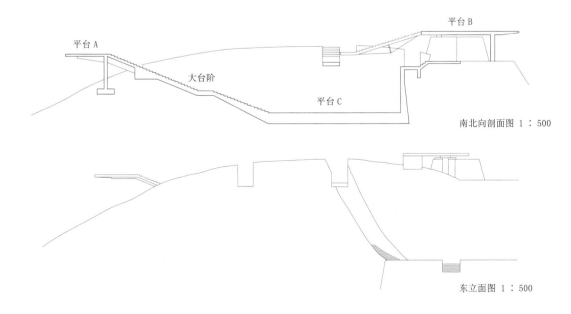

南北向剖面图 1∶500

东立面图 1∶500

北上川运河交流馆

KITAKAMI CANAL MUSEUM
1999 年

出于环境保护和河川整治考虑的隧道型博物馆

所在地：宫城县石卷市
设计时间：1996 年 8 月至 1997 年 7 月
施工时间：1998 年 1 月至 1999 年 6 月
主要功能：博物馆、水闸开关设备
构造：钢筋混凝土，部分钢结构
桩·基础：桩基础
用地面积：1883.60 ㎡
投影面积：523.44 ㎡
建筑面积：613.07 ㎡
建筑密度：27.79%（最大允许 70%）
容积率：32.54%（最大允许 400%）
建筑高度：5700 mm/ 屋顶高度：5400 mm
所处地段：城市规划用地

融合与同化的细节

隐藏在北上川堤防中的这个小博物馆位于在东日本大震灾中遭到巨大破坏的石卷市。万幸的是海啸并没有破坏到这里，所以设施没有遭到损害。

这是国土交通部河川局委托的项目。1997 年《河川法》被大幅度的修订，法律明文规定河川不仅与治水、水利相关，还必须关注与环境之间的和谐。这个规划是作为河川环境整治的示范项目启动的。

建筑的一半埋藏在堤防之中，另一半展现在外面。但隐藏建筑可不是一件简单的事。既要保护堤防的性能，同时又要考虑到河川和地下都有斜线限制（译注：日本对建筑高度和建筑倾斜的限定法规），而一级河道的斜线限制又特别严格，不能深挖堤防之下的土壤。既要保护景观，又不能将建筑露出地面，于是我们就在地下亦不能深挖的严格限制下，竭尽所能寻找着建筑的最大限度。

从河岸看交流馆

基地旁边的北上运河是由荷兰工程师凡朵（Van Doorn）在明治时代设计修建的，是日本运河历史中重要的遗产。

在更新水闸设备用房的同时，我们还接到委托：设计位于设备房旁用于展示运河历史的空间。我们所设计的，与其说是建筑，还不如说是隧道。在这里隧道兼有博物馆的功能。通过给隧道覆土使其与场所平稳衔接。赋予土木构筑物以建筑的功能。

从北上川眺望，会发现靠河一侧游步道的一部分逐渐展开变成广场。东北地区的河川护岸非常整齐，因为水泥护岸的设置时间较晚，因而反倒保留了植物茂盛的自然护岸。规划方案中，我们希望可以从广场看到这种景象。

德国在积极地将莱茵河的水泥护岸恢复为原来的自然护岸，北上川则是因为工程进展缓慢而保留了自然护岸。

设计中特别关注了坐凳和扶手等所谓的次级要素，即建筑的配角。一般来说，这些建筑"配角"的设计容易被忽略。

若设计建筑主体的时间紧张，大多数人会选择一些现成的合适的家具，相反，我们对建筑主体和"配角"却一视同仁，向在同一细节上的连续处理发起了挑战。

通过对建筑主体和屋檐都采用每隔 42 mm 就排列直径为 16 mm 的不锈钢管这一细节处理，创造出了包括家具在内的建筑整体与场所融为一体的状态。

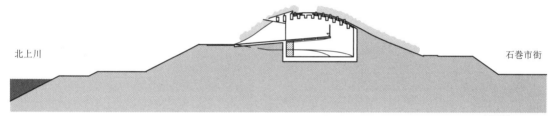

北上川　　　　　　　　　　　　　　　　　　　　石卷市街

剖面图 1：600

从石卷市街看交流馆入口

在河边堤防这种纤弱的"场所"建造建筑时就必须进行"弱化"建筑的操作。

"掩埋"也是"弱化"的方法之一，这个项目运用不锈钢管这样纤细的元素处理建筑和"场所"接续的边缘，这也是柔化建筑与"场所"交界面的有效手法。

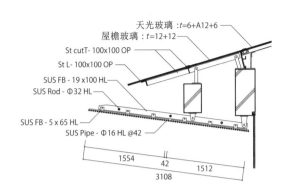

天光玻璃：$t=6+A12+6$
屋檐玻璃：$t=12+12$
St cutT- 100x100 OP
St L- 100x100 OP
SUS FB - 19 x100 HL
SUS Rod - Φ32 HL
SUS FB - 5 x 65 HL
SUS Pipe - Φ16 HL @42

1554　42　1512
3108

屋檐剖面详图 1：80

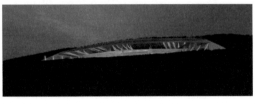

从北上川看到的夜景。建筑看上去就像堤防上的狭缝

混凝土梁在上部玻璃和下部不锈钢管百叶窗上构成了三明治状的纵截面。这样，混凝土的沉重和坚固就被融入到了周边柔和的绿色环境中

左侧一层大厅空间。右侧是沉降到地下的坡状展示空间

地下展示空间。展示不使用展板，全部通过数字化界面进行

将圆形坐凳一半设置在外侧，一半设置在内侧，使内外空间产生一体感。坐凳和扶手也同样用不锈钢管的细部制成

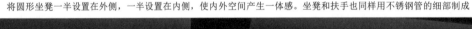

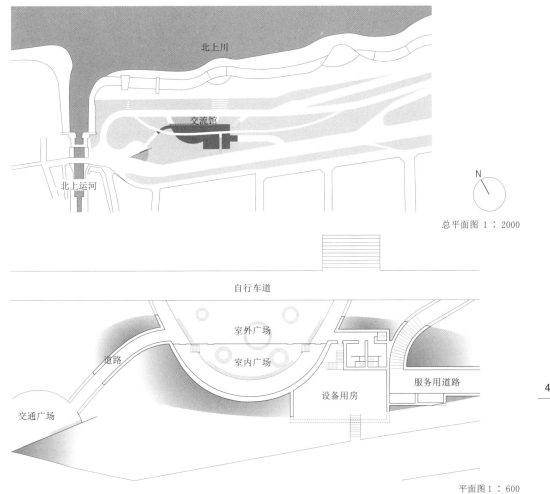

北上川

交流馆

北上运河

N

总平面图 1：2000

自行车道

室外广场

道路

室内广场

交通广场

设备用房

服务用道路

平面图 1：600

沿河的交流馆室外广场。檐下空间被附近的老人小孩活用为休息空间。上部的深出檐也采用和扶手、坐凳相同尺寸的不锈钢管制作

水 / 玻璃

WATER/GLASS
1995 年

通过水平要素连接海洋与建筑

所在地：静冈县热海市

设计：1992 年 7 月至 1994 年 3 月

施工：1994 年 3 月至 1995 年 3 月

主要功能：会客室

构造：一层、二层钢筋混凝土

三层钢结构

桩·基础：扩展基础

用地面积：1,281.21 ㎡

投影面积：568.89 ㎡

建筑面积：1,125.19 ㎡

建筑密度：44.4%（最大允许 60%）

容积率：82.5%（最大允许 160%）

建筑高度：13,310 mm

屋顶高度：10,310 mm

所处地段：居住用地 无指定地段

布鲁诺·陶特（Bruno Taut）的自然接续

这项工作完全是意料之外的相遇。当时我正受托设计某企业的会客室，访问被称作热海的东山海边小高丘上的基地。我在基地逛来逛去，拍摄照片，可能显得有些奇怪。这时近旁居住的一个妇人出来问我："您是建筑家吗？如果是的话，能来我家看看吗？我家是陶特设计的。"

在基地旁居然就是在近代建筑史上留名的德国建筑家布鲁诺·陶特在日本设计的梦幻杰作"日向邸"（Hyuga Tei）。他的其他作品还有铁之纪念馆（1913 年）、玻璃展馆（1914 年）。

跟随妇人到达半地下室的社交室之后，就看到了陶特设计的有名的地下室。走下仿佛隐藏了台阶的又窄又黑的孔洞后，迎面看到陶特式的感情细腻的竹子壁面，视线向右移动，突然间浩瀚的太平洋就跃入了眼帘。海这一"场所"如何与建筑接续，陶特通过这一空间，完成了这个设计主题。

椭圆形休息室前的水面与太平洋海面相接

眼前可以看到的松树，生长在相邻的布鲁诺·陶特设计的日向邸的庭院之中

遵循这一主题，为了可以看到大海，室内地面被设计成了台阶状的截面，并对开口大小和门窗隔扇进行了全开型的特殊细节设计，还特别细心地对地板边缘进行了细部设计。和室被设定了上下两个高度，截面构造使人们从各个高度都能感受到景色各异的海洋。

通过水平面来契合

我就不能把这个设计做得比相邻的日向邸更接近大海吗？索性将其设计成完全位于水面上的建筑吧。我想营造出如同躺在海边沙滩上，侧躺着就能眺望波光粼粼的海面，享受舒适海风的体验。这就是用水面这一平面限定身体的建筑。海岸正是我要的场所，所谓水面就是只有水平面而没有墙壁。

为了让身体接近海洋这一巨大的水面，我使作为建筑一部分的水面自由溢出，消除了边缘的存在，让人感觉到作为建筑的一部分的水面和眼前的太平洋海面融为了一体。椭圆形的休息室地面也用玻璃制成，仿佛可以感受到玻璃下面水的深度，最终让人获得没有玻璃地板、也没有任何支撑、漂浮在巨大水面上的体验。反复坚持这样的操作，将水这一场所和身体小心翼翼地衔接了起来。

《玻璃展馆》（1914 年），布鲁诺·陶特
玻璃展馆的内部设置了人工瀑布。该设计有着和陶特一样的水与玻璃结合的设计理念

《日向邸》（1936 年），布鲁诺·陶特
正面开口处采用被称作衣柜门的折叠门细部设计，使得全开成为可能。折叠门的铰链是特别从德国订制的

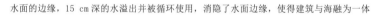

水面的边缘，15 cm 深的水溢出并被循环使用，消隐了水面边缘，使得建筑与海融为一体

水面以外的元素，也就是垂直方向的建筑要素，都尽可能地弱化和消解。随着垂直要素的存在感渐渐消失，场所和身体的联系也逐渐强化。

在日本传统建筑中存在着这样一种原理，将垂直元素拉门和隔扇等当作次级可移动要素处理、尽可能地"弱化"。没有墙壁，身体依附于水平界面的状态正是日本传统建筑的理想状态。

屋顶和顶棚的设计也致力于水平元素的圆滑过渡状态。地板和顶棚这两个水平面，是周围宽广的场所和身体契合的媒介。仅仅与垂直面相接，就可以辅助与水平面的契合。这时需要讨论的问题就是支撑屋顶的结构与覆膜的关系。在这座建筑中，网状钢结构之下悬挂着铝制百叶。即在身体和构造之间存在着覆膜。在百叶的下端，椭圆形的休息室外部、内部实现了没有分割的平滑衔接的细部设计。

48

陶特喜爱的桂离宫用竹板铺的竹廊。1933年陶特来到日本后参观了桂离宫，当场被感动落泪。陶特察觉到西洋的现代主义仍是"外形"的建筑，而日本的建筑则是以桂离宫为代表的与场所发生"关系"的建筑

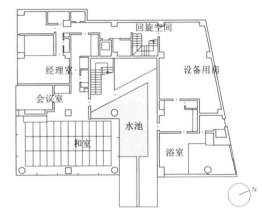

一层平面图 1：500

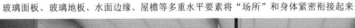

玻璃面板、玻璃地板、水面边缘、屋檐等多重水平要素将"场所"和身体紧密衔接起来

用模型确定方案的时候很容易从模型的上部向下观察而做出判断。自上而下观察会发现在钢结构上安装百叶时可以看到清晰的形状。但实际只有神才是从上往下观察建筑的，人是在地板和顶棚之间使用空间的。如果钢结构之下没有百叶，水平要素的连续性就会被钢结构所阻断。

结构和覆膜的关系并不能以从天而降的视角出发，而应该以体验的使用者的视角为出发点谨慎地做出判断。

希腊、罗马以来的古典主义建筑都强调结构的可视性、结构间多余的空间用覆膜遮断这一原理。

与其相反，日本的传统建筑比起强调结构更关注空间的水平连续性。而中国的传统建筑喜欢不做天花而暴露屋顶支撑结构体的形式。

日本建筑的结构与覆膜之间的关系是独特的。

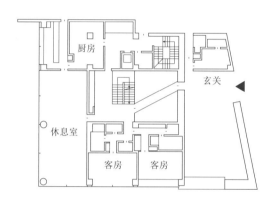

二层平面图 1：500

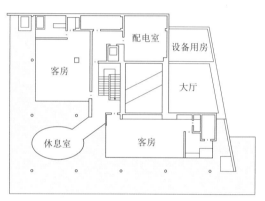

三层平面图 1：500

钢结构下的铝制顶棚百叶。椭圆形休息室的外部、内部可以无阻断地保持连续状态

森舞台
登米町传统艺术传承馆

NOH STAGE IN THE FOREST
1996 年

设计露天舞台，
通过空白部分契合森林与建筑

所在地：宫城县登米市
设计时间：1995 年 5 月至 1995 年 8 月
施工时间：1995 年 10 月至 1996 年 5 月
主要功能：能乐舞台
结构：钢结构、钢筋混凝土结构、木结构
桩·基础：PHC 桩 300 Φ
用地面积：1700.77 ㎡
投影面积：537.06 ㎡
建筑面积：498.21 ㎡
建筑密度：31.57%（最大允许 70%）
容积率：29.29%（最大允许 400%）
层数：地下 1 层 地上 1 层
建筑高度：8230 mm / 屋顶高度：5120 mm
所处地段：未指定用途地段 无防火要求地段 适用建筑标准法第 22 条地段

从室内化到室外化

宫城县的登米在伊达藩的时代就流行能乐，即便现在谣曲会的成员每周也都要进行练习。建造能乐专用的舞台是村子一直以来的愿望。但是，登米只是一个小村子，并没有太多预算。

一般的能乐舞台需要用大混凝土箱体覆盖舞台和观众席，但是村子的预算不能完成这样的设计。所以我们考虑将能乐舞台放在室外。预算不足这个不利条件屡屡成为了有趣建筑诞生的契机。

明治以前的能乐舞台本来就由室外的舞台与观演处（观众席）两幢建筑构成。能乐舞台布置在自然环境之中，演员在感受自然的同时翩翩起舞，观众在自然中欣赏能乐。

但在明治 14 年，在东京·芝建成了芝能乐堂（红叶馆）。以此为契机，将舞台作为一种装置、置于大型箱型建筑之内、并用观众席包围的设计成了现在能乐舞台的形式而广为流传。有了室内的能乐舞台，不管是下雨还是日晒，能乐都可以安心上演了。

从后山看到的能乐舞台

"室内化"可以说是 20 世纪的一种意识形态。称室内化是 20 世纪美式文明的意识形态也不为过。建造与场所无关，舒适的带空调的室内空间正是 20 世纪的主流意识形态。

在 20 世纪，室内化与文明化同义。随着空调的发明，室内温度变得易于控制。巧的是，20 世纪又是可以获得廉价石油的时代，人们忽略了地球环境的将来和后期维护的费用，不断将空间室内化。将街道室内化建造商店街，给广场覆盖玻璃建造中庭，不管是剧场还是运动场都接二连三地被室内化了。

日本的能乐舞台也被卷入了这一室内化的潮流之中。

我们将设计的目标定为对室内化的否定。在能乐中，舞台和观众席之间有被称为白州的砂砾地，但是室内能乐舞台的最大问题就在于这一铺满白沙的空白空间消失了。正是因为有了这个空白、这个空间，才使人感受到能乐舞台是另一个空间，处于不同的时间维度，因而可以与处于日常时间维度的观演区区分开来。这种分离和隔断才是能乐的精髓所在。

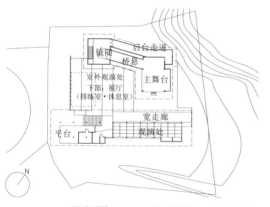

一层平面图 1：800。左侧是村子，右侧是森林

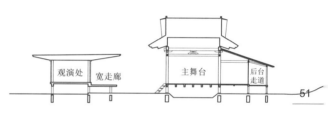

南北向截面图 1：400

51

从村子看到的能乐舞台。透过木制百叶可以从村子看到剧场的样子

充分利用当地资源

我们的设计方案选择采用传统形式，在室外分别建造木结构舞台和木结构观演处。一般的能乐舞台，需要从欣赏的角度使用每根约1000万日元的无木节尾州桧木，光建造木制舞台部分就要花费大约2亿日元。之后又要覆盖巨大的混凝土箱体，总预算将会在10亿日元以上。

本项目的总费用必须限制在2亿日元以内。如果不建造混凝土的大型建筑，就可以大幅度削减预算。同时使用当地的木材，利用现有的柏树，忽略木节问题来削减开支。

屋顶使用了在登米附近开采的登米玄昌石砌筑。我们特别邀请了暂时停工的采石场为我们切割了石材。

舞台通常需要贴护腰板。只有水上的能乐舞台不需贴腰板。本次为了削减开支，就省去腰板权作水上能乐舞台进行了处理。

在舞台和观演区之间的白州部分，没有铺设白色碎石，而是铺设了廉价的黑色碎石。

这样设计之后，可以让人感受到舞台似乎浮于黑色的水面之上。

这个设计的另一个特征是将舞台和观演区之间白州的部分做阶梯状升起，在此处再设置一个观众席。设计成从台阶上起身可以进入位于白州之下的展览室的立体构成。将小型展览室埋入观众席之下后，即使没有能乐上演，也可以将此处作为一个旅游景点。展览室也可以当作休息室，这样又能削减一部分开支。

我们遍访了全国的能乐舞台，发现平均在每个舞台上能乐每年仅上演几回，其他时候多半被闲置。我们在设计中安排了小型展览室，如果展览室一直保持开放，或许参观这个村子的观光客（实际上，在登米保存有有名的木结构寻常小学，被人们亲切地称为东北的明治村）就有了探访能乐舞台周边森林的机会了。每周整理一次展览的部分空间，就可以用作当地谣曲会的排练场所。

在能乐正式演出之时，展览室也能当作

没有腰板的舞台

后台使用。一个小空间可以提供三种不同的使用功能，这样就节省了建筑总面积。

在观演区的坐席处，也就是一般剧场安放坐席的地方，我们用榻榻米代替了剧场风格的椅子，这样村里的人平时在开茶会、跳日本舞、举办卡拉 OK 大赛的时候都能使用。由此我们更确信榻榻米是适用性广泛的材料。榻榻米将这个场所的生活和建筑融为了一体。

通常在能乐舞台之下会设置"翁"。翁虽然可以反射表演者踩踏舞台的回音，但预算却很高。一个翁都要几十万日元。为了不超出预算范围，我们考虑是不是可以取消翁。咨询了东京大学的声学专家橘教授之后才知道，光是把翁在地上是起不到音响效果的，必须将其埋入地下。欧洲大教堂的厚石壁中也埋入了翁来反射唱诗班的圣歌回音。丹下健三设计的东京罗马天主教圣玛丽大教堂也采用了同样的设计手法。

我们仅得到了将基地夯实的指导。所以我们取消了翁，但是在竣工之前，村长来检查时却大动肝火，他说自己从未见过地板下没有翁的能乐舞台。但是事到如今也没法再增加预算，于是我们接受了村民们捐赠的翁。

但是村民捐来了太多的翁，在地板下安放了数十个。因为舞台没有腰板，所以翁完全暴露出来，这倒也成了一个看点。

地板下安放的翁，因为没有腰板遮挡而完全暴露在外

舞台尽头被称作镜板，日本画画家千住博在其上绘制了松竹。千住氏所画的松树的上部、下部都溢出了画面，是一种松树上下都未入画的特殊构图

原本能乐舞台背面是没有木板的，在那里会栽种真正的松树，而神会降临到松树之上，人们相信松树就是神的象征
考虑到自然生长的松树上下都会超出边界，千住氏就做出了大胆的构图

阳之乐家

TAKAYANAGI COMMUNITY CENTER
2000 年

一层涂有魔芋和柿涩①的和纸保护着建筑

所在地：新泻县柏崎市高柳町
设计：1998 年 2 月至 1999 年 7 月
施工：1999 年 11 月至 2000 年 4 月
主要功能：集会设施
构造：木结构
桩·基础：交叉梁条形基础
投影面积：86.71 ㎡
建筑面积：87.88 ㎡
层数：地上 2 层
建筑高度：7760 mm / 屋顶高度：2480 mm
所处地段：城市规划用地之外

气球炸弹与和纸外壁

在被称为新泻的高柳町（现柏崎市高柳），荻之岛的茅草顶民居围成了环状，被称作环形聚落。

但仔细观察就会发现，其中有许多只有屋顶用茅草修葺而其余部分使用铝框和玻璃不太完整的民居。

当然，我们理解这样建造房子的理由，即气密性好，即使刮台风也不怕，但是日本原有的茅草修葺房屋是没有铝框或者玻璃的。

1906 年，日本有了第一家平板玻璃制造厂，在那之前都是仅用和纸和套窗来分隔室内外的。用如此单薄的界面来联系场所和建筑。这个项目的目标就是复原这种日本特有的、文雅的内外分界。

之所以定下这么野心勃勃的目标，原因之一是遇到了当地的手漉和纸（译注：不使用机器而用手制作的和纸）匠人小林康生。我认为如果是小林先生能制作出高质量和纸的话，我

右边是阳之乐家。茅草修葺的呈环状连接的高柳环形聚落

们就可以向着仅用一张和纸抵挡冬季严寒的和纸极限发起挑战。

我去参加了第一次当地说明会。建筑师亲自向当地人说明设计方案、听取意见的做法，已经成为公共建筑设计中的普遍做法。在欧洲和美国设计公共建筑时，更是频繁创造这种机会。在此，沟通能力也成了建筑师的一项重要能力。

我们原以为当地人也会期待茅草修葺的建筑，就以轻松的心态提出了茅草修葺方案模型。但是，说明会的氛围却有点奇怪。与会的居民分裂成支持茅草修葺和反对茅草修葺的两派。

一看到模型，反对茅草修葺的人们就大声斥责说："你们出身东京，根本都没住过茅草修葺的房子，不要跟我说这样设计好。"他们认为茅草修葺的房子住起来寒冷，之后的维护也费力，怎么能住那么浪费钱的房子。这时，支持茅草修葺的援军也立即出列，展开了与我们毫不相关的激烈论战。就这样反反复复进行了 3 次说明会，最终才确定建造茅草修葺的房子，虽然维护起来很辛苦，但茅草修葺的房子是自己的特色。

这个宝贵的体验让我认识到不能轻视"场所"。外地人认为提案与场所相符，但对于本地人而言，这只不过是毫不知情的外人强加在自己头上的想法罢了，这种情况时有发生。

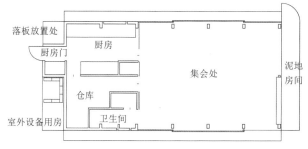

平面图 1：150

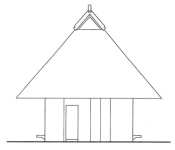

西立面图 1：200

如蚕丝柔滑的和纸包覆的室内设计

这个经历让我深刻体会到：做设计，尤其是在小村镇进行设计时，必须要像接触婴儿和老人时那样细心。另外，要掌握对事物进行多方面思考的方法，同时不断地、谦虚地反省自己城市生活中的所谓常识和经验。

仅用和纸和套窗来分割内外空间，这对和纸的防水性能也提出了要求。小林康生在自己的田地里种植了楮树（译注：楮树的韧皮纤维可以制造防水性能良好的和纸）。

现在的和纸虽然大多都说是手漉和纸，但其实却使用了进口的楮树短纤维，与日本传统楮树制造的和纸手感完全不同。小林提出了在制作好的和纸上涂上溶于水的魔芋和柿涩浸出液，以提高防水性能的方案。

地板和柱子上都糊了和纸，和纸糊到了地板边缘，非常重视连续性

冬季使用叫做落户的可移动木板，保护和纸的外壁免受积雪侵蚀。落户上刻有缝隙，即使有很深的积雪也可以保证室内光线

夕阳景色。光线透过和纸，建筑如同浮在水上的灯笼

第二次世界大战中，日本人就采用这样的方法制造了叫作气球炸弹的武器。如果发射4万发和纸制作的气球炸弹，其中有600发可以穿越太平洋，杀死6个美国人。由此可知和纸是有很高强度的。

美国感觉到了这一雷达检测不到的"新式武器"的重大威胁，在各类研究机构中研究了和纸的处理方式，但结果因不了解在美国本土没有种植的魔芋的成分而没能查明。

超越近代科学的智慧就隐藏在日本的传统技法之中。

在结构上，尝试采用了交叉的钢筋。如果采用一般的木筋交叉，很难在覆盖和纸之后达到如蚕丝般柔和的室内效果和平衡。所以使用了直径为5 mm的、在照片上都显现不出来的纤细的铁筋交叉。不满足于传统技法，巧妙组合这种"看不见"的铁筋交叉的新技术，产生了意想不到的效果。

这个作品在海外讲座中是最常被提问到的。当被问到"这个建筑的隔热性很差，不是完全不可持续吗"这个问题时，我是这样回答的。

"不能说只有欧洲石造建筑那种依靠厚壁分割内外的方法才是可持续的。在日本这个场所，在这样的'纸之家'中，可以不使用能源，而采用如被炉、围炉（译注：将地板挖出四边形的坑作为炉子）等这些直接与身体接触的取暖设备来度过寒冬；在夏季高温潮湿的环境中，这种'纸之家'是非常舒服的居住场所。

除了追求高气密性、高阻热性的解决方法，不也应该追求建筑与自然的同化这种柔软温和的可持续发展的可能性吗？在不同的场所中，不也可以寻求各自的可持续性吗？"

那么，如果是你们，将怎样回答这个问题呢？

①：通过压榨未成熟的柿子得到的半透明红褐色液体，是日本的传统材料。

用直径为5 mm的钢筋做成的"看不见"的钢筋交叉

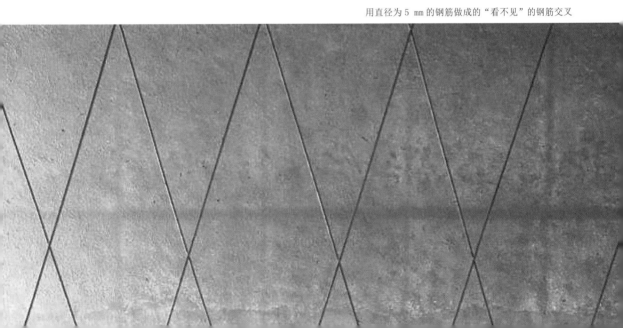

那珂川町马头广重美术馆

MUSEUM OF HIROSHIGE ANDO
2000 年

层层的纵格栅遮阳将广重的雨水建筑化

所在地：栃木县那须郡那珂川町

设计：1998 年 5 月至 1998 年 11 月

施工：1998 年 12 月至 2000 年 3 月

主要功能：美术馆

构造：钢筋混凝土结构，部分钢结构

桩·基础：桩基础

用地面积：5586.84 ㎡

投影面积：2188.65 ㎡

建筑面积：1962.43 ㎡

建筑密度：39.18%（最大允许 40%）

容积率：35.13%（最大允许 200%）

建筑高度：6500 mm / 屋顶高度：3200 mm

所处地段：城市规划用地

浮世绘中的重层空间

产生这个设计的契机是 1995 年的阪神大地震。位于神户的青木家的仓库在地震中被完全摧毁，从瓦砾中发现了 80 幅广重的亲笔画。这一巨大数量的广重作品都是实业家青木藤作在明治时代收集的。青木藤作的孙子青木久子提出想将全部作品捐赠给青木家家乡附近的马头町（现栃木县那珂川町马头），因此决定建设美术馆。

调研基地的时候，位于角落里的旧国营专卖店的木结构烟草仓库吸引了我的目光。虽然其已大体朽坏，但是采伐自基地后山的木材给人以自然与生活长期磨合的成熟感，这个朽坏的木质建筑有一种说不上来的亲近感。尤其可以感受到外墙上风化的杉木板和后山杉木林的融合。

想要设计出像那片杉木林一样的建筑是我的设计出发点。当然，建筑材料要以杉树为中心。杉树林的空气质感和光束是我的设计目标。我想将笔直地伸向天空的杉树无限地重合，然后将这种多个层次的重叠状态原封不动地移动到建筑中。

从后山回望村中的"广重街道"。着力将屋顶高度降低（2.5 m），使建筑与场所融合

文艺复兴时期确立的西洋古典主义绘画的基础就是利用透视法这一独特方式来表现空间的进深感，从而展现自然与人造物的强烈对比。

在日本绘画中，则以安藤广重描绘的《大桥雷阵雨》《东海道五十三次"庄野"》等为代表，在画中，自然与人造物之间没有明确的界线，表现的是各个层次连在一起的状态。日本绘画不是使用透视法而是使用多重层叠来表现进深。这体现出西洋与东洋的绘画空间的不同。

如果使用后山的杉木，建造出像杉树林那样的建筑，或许就能表现出广重画中像雨那样既不附于自然、又不附于人造物的朦胧暧昧的东洋空间。

杉木被切成了雨水的线条形状，细细的，弱弱的。这些线条集合起来构成了若干层次，这些层次的重叠，弥补了人与场所的空隙，使其融为一体。从广重画中被激发的空间灵感，渐渐被转移到了通过具体的规划和设计细节来体现的实践中。

从基地原有的旧国营专卖店木结构烟草仓库得到灵感

东海道五十三次《庄野》。森林、雨等自然元素和现象通过重层的方式予以表现

从后山旁眺望美术馆，铝管制造的透明家具和隔扇这两个片层重叠在了一起

在平面构成上，被命名为"广重街道"的贯通南北方向的半室外空间起到了关键作用。沿着村子中心的这条"广重街道"前进，然后穿过建筑的檐下空间，可以看到建筑北侧的后山，然后右转90°进入建筑，这是一条很复杂的路线，也是我故意迂回设计的原因。

像这样多转向、弯曲前行的通道在茶室庭院等地方是很常见的。这与西洋建筑中沿着轴线一路向前的设计手法截然不同。

广重美术馆通过这种茶室庭院式的序列将后山这一场所与建筑联系在了一起。

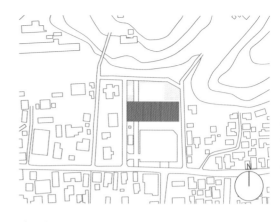

总平面图 1：5000 美术馆是连接后山与村子的大门

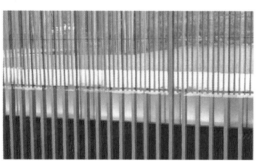

通过百叶的重叠创造出建筑渐渐融入自然的状态

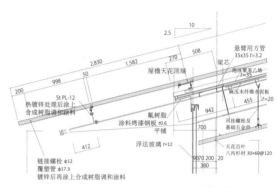

檐头详图 1：15

用进行了防火处理杉木百叶制成很深的屋檐，通过屋檐连接外部与内部空间

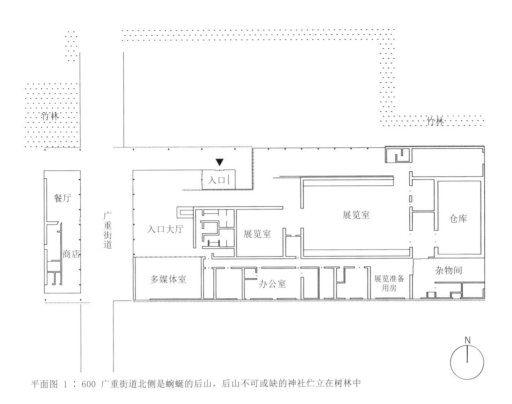

竹林

竹林 竹林

餐厅

广重街道

入口

入口大厅

展览室

展览室

仓库

商店

多媒体室

办公室

展览准备
用房

杂物间

N

平面图 1∶600 广重街道北侧是蜿蜒的后山，后山不可或缺的神社伫立在树林中

包围展览室的混凝土墙壁可以起到防震作用，因此外立面的铁柱可以使用茶室中那样的细柱子（7.5 cm×20 cm）

石之美术馆

STONE MUSEUM
2000 年

使用当地石材，联系建筑与场所

所在地：栃木县那须郡那须町芦野
设计：1996 年 5 月至 1999 年 12 月
施工：1997 年 12 月至 2000 年 7 月
主要功能：美术馆
构造：砌筑结构、钢结构
桩·基础：交叉梁条形基础
用地面积：1382.60 ㎡
投影面积：532.91 ㎡
建筑面积：527.57 ㎡
建筑密度：38.55%
容积率：38.16%
层数：地下 1 层 地上 2 层
建筑高度：7870 mm／屋顶高度：5500 mm
所处地段：城市规划用地之外

从组装到再整合

在栃木县那须町，有一个名叫芦野的地方，曾经是旧奥州街道驿站的村落。我有幸受托在那儿设计建造石之美术馆。

委托人白井先生是当地的石材商，从自己私人所有的山中开采一种叫作芦野石的灰色安山岩。委托的内容是希望用很低的成本将大正时期建造的米仓改造成美术馆。

我和白井先生的想法是，尽可能仅使用白井石材切割厂的石材，依靠他手下两位工匠的手艺来建造建筑。这样就能从根本上削减开支了。这种做法可以说是与近代的（也可以说是 20 世纪的）建筑施工法相互对立的，是向工业社会的建筑生产方式发出的挑战。

组装是 20 世纪工业社会基本的建筑施工方法。在此之前的建筑施工，都有一些基本工种，都是以这些工匠团体为中心对建筑物的基础部分进行施工。

从旧奥州街道来看，可以感受到旧有仓库和新增建部分之间渐变的多层关系

在欧洲，砌筑石材或者砖材的工匠团队建造起建筑的基础部分，之后再由制作窗框、门扇等木制框架的工匠和漆匠一起将建筑建成。

在日本则是由制作基本木框架的木匠建造建筑的基础部分，之后再和修葺屋顶、粉刷墙壁的工匠一起建造建筑。在欧洲建筑团队的核心是砌筑石材的工匠，在日本则是以组装木结构的工匠为中心来进行建筑施工的。

但是，20世纪的建筑施工方法逐渐朝着多个工种协同作业的组装方式蜕变。整个过程由总监（承包商）监督控制和调整预算、规模，其下有数个平行工种，分担各自的工作。分工明确，并优先确保互不重合。在这样的纵向工作安排之下，20世纪的建筑变得越来越缺乏新意。

石之美术馆的设计要打破20世纪的历史趋势。它不是纵向结构的组装，而是向着仅仅依靠石匠建造完整的建筑发起挑战。

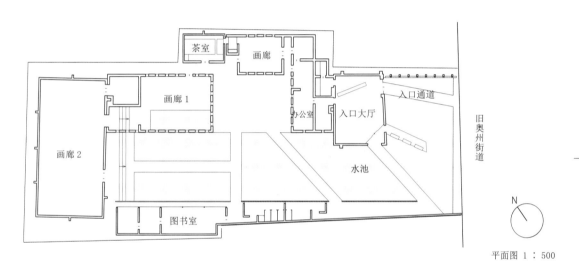

平面图 1：500

抽出三分之一的石片，赋予石砌墙壁开放感

设计参照的是通过砌筑石块建筑墙壁的砖石结构这一西洋基本建筑施工方法。这是有着数千年历史的、成熟的建筑施工方法。但问题是如何处理引入阳光的开口处。通常情况下，开口处需要嵌入木制或者金属制的框架。这就必须再加入除了石匠之外的其他工种，就又变成了20世纪的装配方式了。

难道就不能在石匠工种范围内解决制作开口的问题吗？我们想到了保留空隙砌筑石材的方法。

首先对从石砌墙壁抽出多少石材不会影响构造的问题进行了研究。

从对比美学到整合美学

根据负责结构的中田捷夫的计算，即使抽出三分之一的石材，也不会有强度方面的问题。取出这三分之一石材的位置不同，墙壁就会产生不同的表情。

取出石材的微小开口就保持孔洞的原样，这样既解决了采光和通风的问题，也可以嵌入透光薄石片，变成小型采光窗。虽然完全可以给孔洞安装玻璃，但是这样的话必须置办其他材料，又会产生额外费用。

若采用白色大理石[名为卡拉拉白（Bianco Carrara）的意大利产大理石]，白井的工厂就有许多剩下的边角料，如果将其切成6 mm厚的薄片，阳光就能通过，成为玻璃的替代用品。

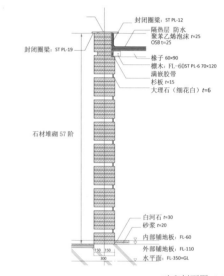

砖砌剖面图 1：50

从切削成6 mm厚的大理石中透过的光线

将石材切成薄片代替玻璃的做法，在古罗马时代，常被用于大浴场的开口部分，那时玻璃是非常少见的。

1963年竣工的美国耶鲁大学珍本图书馆就使用了20 mm厚的白色大理石作为外壁，使阳光透过而产生柔和的室内光影效果。

在进行砖砌这一原始建筑施工的同时，很自然地加入了自然采光的构筑方法。

耶鲁大学珍本图书馆（1963年） SOM的透光"石壁"

我们接着挑战了利用石材制造水平百叶这一细部设计。从砖砌结构中抽出石材的方法，还有只能抽出三分之一的限制，透明性还远远不够。想要获得更好的透明性，就必须不受砖砌结构的限制，向着自由的框架结构发起挑战。

但就算这样，我们最终还是坚持使用石材。将笨重不透明的石材慢慢转变成（gradational）轻盈透明的墙面。避免了笨重石块和轻盈玻璃板的对比的这种20世纪乏味的设计方法。

20世纪的建筑表现多用"对比"手法，进行清晰的区分、对照。首先让大地这一自然物与建筑这一人造物形成对比，紧接着将建筑中沉重的内核与轻盈的界面形成对比，这种方法曾一度流行。制造各种对比成为了建筑设计的基础。

如前所述，正因为工业社会生产的基础是装配由多工种制造的产品，高效快速地建成巨大体量这一方式，因此分工明确与对比是与工业社会相符的优秀设计手法。

抽去石材的开口处创造了良好的室内光线效果

从这种分工明确、对比的设计手法衍生出了构成（composition）的设计手法。构成就是将明确分工下制造出的物品，一边寻求平衡一边进行组合。这一过程就被称作构成。这一手法可以作为概括所有工业社会生产方式诱导产生的设计手法。20世纪建筑的基本设计手法就是构成主义手法。

石之美术馆仅仅依靠一种石材，一个工种（两名经验丰富的石匠），通过极力避免装配手法就建造完成。当然设计中完全不采用分工、对比这些构成手法，而是主要采用与其完全相反的融合、渐变等设计手法。

首先是砌筑沉重的石墙，接着抽出三分之一的石材得到"半透明"的石壁，然后在石柱上安装石制百叶，创造出"透明的"石壁，这些过程形成缓慢的渐变。

《红黄蓝的构成 II》（1930年），彼埃·蒙德里安（Piet Cornelies Mondrian）
构成主义绘画就是工业化社会的美学

《佐也夫工人俱乐部》（Zuev Workers' Club）（1926年），伊利亚·戈洛索夫（Ilia Golosov）
构成主义建筑将不透明（混凝土）与透明（玻璃）进行对比

通过石砌墙壁、半透明石壁、石制水平百叶创造出透明性的渐变

在用石材制造水平百叶时，如果采用 40 mm×20 mm 的剖面形状制作百叶，就不需要金属杆件的支撑，仅用石材就能达到 1.5 m 的跨度。然后将这些百叶嵌入切开细口的石柱中去。

考虑到地震的影响，在石柱中嵌入了 H 形钢材，但又在石柱上安装了石材百叶，形成了整体由石材建造的顺利过渡。

我们凭借着对芦野石这一材料自始至终的执着，充分利用它的多样性，将材料（芦野石）与场所（芦野）融为了一体。

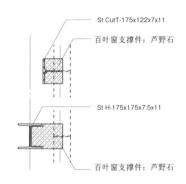

St CutT-175x122x7x11
百叶窗支撑件：芦野石
St H-175x175x7.5x11
百叶窗支撑件：芦野石

石材百叶平面详图 1：30
将石材百叶嵌入开了细口的石柱之中

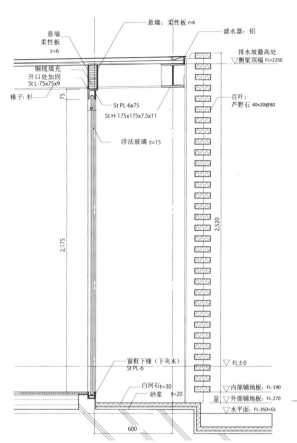

悬墙 柔性板 t=6
悬墙 柔性板 t=6
滤水器：铝
排水坡最高处 ▽侧梁顶端 FL+2250
铜线填充 开口处加固 St L-75x75x9
椽子：杉
St PL-6x75
St H-175x175x7.5x11
百叶：芦野石 40×20@80
浮法玻璃 t=15
2,175
2,520
窗框下缘（下夹木）St PL-6
白河石 t=30
砂浆 t=20
▽FL±0
▽内部铺地板 FL-190
▽外部铺地板 FL-270
▽水平面 FL-350=GL
80
600

石材百叶剖面详图 1：30

67

图书室内景。透过玻璃可以看到石制水平百叶

宇都宫宝积寺站 CHO 藏广场

CHOKKURA PLAZA
1996 年

大谷石的记忆，场所的记忆

所在地：栃木县塩谷郡高根沢町
设计时间：2004 年 3 月至 2005 年 3 月
施工时间：2005 年 7 月至 2006 年 3 月
主要功能：集会、展示场所
结构：钢结构，部分砖石结构
桩·基础：交叉梁条形基础
用地面积：2668.52 ㎡
投影面积：728.18 ㎡
建筑面积：607.6 ㎡
建筑密度：27.30%（最大允许 60%）
容积率：22.80%（最大允许 200%）
层数：地上 1 层
建筑高度：8180 mm / 屋顶高度：5430 mm
所处地段：城市规划用地 靠近商业用地 未指定防灾用地 适用建筑标准法第 22 条地段

基地内有宇都宫一带保留下来的三幢大谷石石造仓库

石造仓库文化的传承

在栃木县石造仓库非常流行，甚至可以说栃木县是石造仓库之县。并且在宇都宫一带盛产大谷石，就像"石之美术馆"项目中那须一带盛产的芦野石一样，凭颜色来区分石材种类。

在东北本线宇都宫站之后的第二站宝积寺站的站前广场上，排列着三幢用大谷石砌筑的石造仓库。我们的规划是保留并改造其中的一幢，利用拆除的大谷石建造一幢新建筑。这个项目的课题是对大谷石的再利用。

我们基本的设计手法与"石之美术馆"相同，采用渐变融合的方法。在"石之美术馆"项目中，我们关注于从厚重到轻便、不透明到透明的渐变手法，本次我们在此基础上又加入了对时间渐变的考虑。

这里有被保留的大谷石砌筑的仓库，也会有新修的建筑，但是这里并不是强调新旧的对比，而是强调新旧之间的融合，在这个项目中我们尝试创造出时间的渐变。

我认为人们的生活本身就是通过渐变连接起来的。对旧有事物的尊重，继承随着旧有事物流逝的时间才是人的本质。正是这样积攒下来的时间丰富了人们的生活和人生。

若要继承时间，仅仅靠冷冻保存旧有事物是不够的。必须在尊重传统的同时，稍微对其进行改造，以期适应现在的生活。

通过这种谨慎的、持之以恒的探索，才能生成时间的柔和渐变。我们对保留的旧建筑也进行了处理，同时谨慎处理了旁边的新建建筑，避免其与旧建筑形成强烈对比。

具体来说，在这个"CHO藏广场"，大谷石和铁板的组合构成的"半透明"石壁渐变过渡了旧有的石造仓库和新建建筑。

在"石之美术馆"项目中采用了抽出三分之一石材的墙壁和石造百叶这两种"半透明"的石壁。这两者都是未曾有过的崭新细部设计，其一是砖石建筑物的延展，另一个则是钢结构梁柱体系的拓展运用，从这点来看，无论如何也不能说它们是崭新的构造体系了。

即使将"CHO藏广场"半透明的墙壁当成构造体系来看，它也是砖石结构与钢结构的混合产物，是未曾有过的、独特的混合结构体系。

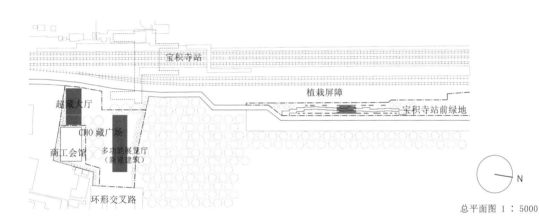

总平面图 1：5000
计划在宝积寺站东侧建设新入口、新广场

新建建筑通过组合砖石结构与钢结构这一混合结构体系，创造了多孔的大谷石石壁

因为大谷石是火山灰凝固之后形成的石材，其脆性较大，从其中抽出石材或是用它制作百叶都是不可能的。

这就必须要有崭新的构造体系，负责结构设计的新谷真人提出了在使用铁板制作的斜线（对角线）骨架之间嵌入石块的方法。用这样的方法，即使大谷石再脆弱也能发挥其100%的抗压能力。

将钢铁的抗拉能力与石材的抗压能力组合，创造坚固构造的想法，与将钢铁的抗拉性能与混凝土的抗压性能组合而创造的钢筋混凝土结构的想法是一样的。将不同材料各自的性能活用并组合，是非常合理的思考方法。

但是，问题是如何构造使石材与钢铁之间平稳传递荷载的结构。如果仅仅制作45°的钢铁骨架，再在其间嵌入石材，是无法良好传递荷载的。这样的石材只是依附在铁上的装饰物罢了。

为了能够良好地传递荷载，我们认识到必须采用将钢铁和石材从下往上层层累积的施工方法。但这就是被称为"工种合作"（相番）的效率最低的、不合理的施工方法。工种合作是对不同工种的人员更替、交互作业的施工方法的总称。

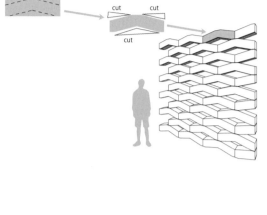

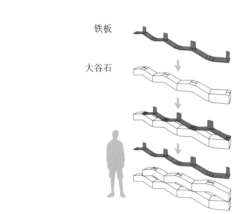

铁板

大谷石

将石材和铁板交互层叠的工种合作的施工方法

旧有石造仓库靠近路面的立面与新建筑一样，换成了铁板和石材组合的新细节的"半透明"墙壁

70

一般的施工顺序是由一个工种进行粗略作业，这部分作业告一段落之后，再由其他工种进行作业，这样不需其他工种的等待，职责范围也很明确。工程可以一步步顺利进行。20世纪工业社会的建筑施工是以这种清晰明快、分工明确的作业顺序为大原则的。

但这次我们要向不合理的工种合作发出挑战。为了制造有强度保障的"半透明"石壁，工种合作是很有必要的。

我们也将"半透明"的墙壁附加到了旧有的石造仓库上。在靠近道路的开口处，拆除了旧有砖石结构的墙壁，换成了"半透明"的墙壁。

围合广场对面的新建部分，基本全采用了"半透明"的石壁。并且这里用到的大谷石，都是对被拆除的两幢旧有石造仓库材料的再利用。

大谷石是一种随着风化而改变质感的脆弱石材，采用这种石材，即使是新建的建筑也能记录下流逝的时间，产生时间的平缓渐变。

通过石材与铁柱组合墙壁的实体模型（实际大小）来检测其是否有足够强度的荷载实验

新建建筑角部细节
为了消除铁板的存在感而切割成45°角的细部设计

旧有石造仓库面向广场一侧的立面部分。由不透明的厚重墙壁向透明的、轻巧的墙壁转变，墙面开口率也随之渐变
材料全是对拆除的石造仓库大谷石的再利用

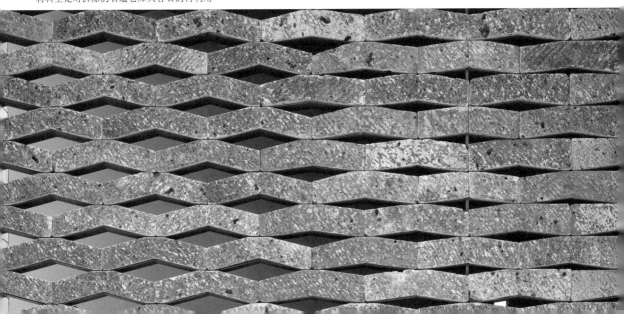

银山温泉 藤屋

GINZAN ONSEN FUJIYA
2006 年

不同强度表面面层的重叠，联系场所和身体

所在地：山形县尾花沢市大字银山新畑 443

设计时间：2002 年 4 月至 2005 年 3 月

施工时间：2005 年 4 月至 2006 年 7 月

主要功能：旅馆

构造：木结构

桩·基础：交叉梁条形基础

用地面积：558.13 ㎡

投影面积：366.09 ㎡

建筑面积：927.99 ㎡

建筑密度：65.59%（最大允许 70%）

容积率：166.27%（最大允许 200%）

层数：地上 3 层 地下 1 层

建筑高度：12.215 mm / 屋顶高度：8970 mm

所处地段：城市规划用地之外 适用建筑标准法第 22 条地段 有灾害危险地段

无双格子

众所周知，山形银山温泉地区是大正时期建造的 3 层、4 层的中层木结构建筑群。由于项目位于山谷底部，受用地面积所限，只能向上发展。

项目拆除了 3 层木结构旅馆"藤屋"的混凝土部分，将其还原改造为纯粹的木结构建筑。

从构造技术上来看，3 层木结构建筑绝非难题，但建筑法规却难住了设计师。虽然对 2 层以下的木结构建筑，建筑法也有特别规定，但依据简单的构造计算就能完成。3 层以上的木结构建筑，就变得格外困难了。但是，银山温泉地区这一场所既不是钢结构也不是混凝土结构，而是有着历史特殊价值的木结构中层建筑。

无论如何，要实现"木结构"的 3 层建筑，就必须接受不是新建而是改造这一现实，我们向保留大正时期的基础结构、仅替换建筑立面的技术发起了挑战。当然将立面还原成大正时期的原形也是基本方针。

"藤屋"临河立面。一层部分通过无双格子和花窗玻璃（stained glass）这两种面板作为建筑与行人的分界面。二层以上则采用纵向细条纹的木质折叠门来遮挡对面旅馆的视线

项目中投入精力最大的部分要属如何在基地附近旅馆密集、门前就是道路的环境中，为旅馆创造一个安静的室内环境，为此，我们创造出了营造安静氛围的"柔和"面板。

一层的大厅和餐厅直接面向道路，环境嘈杂。我们的解决方案就是使用可以改变开启率的"无双格子"这一细部设计，以及近似透明、且能微妙地折射光线的浅色玻璃的相互组合。

无双格子是将一种等距排列的格栅（木条与其间隔距离相同，开口率是50%）进行双重层叠，通过滑动两层格栅来调整开口率，这是日本传统的细部设计。直到19世纪，在玻璃还未普及的日本普通民宅中，常用这种方法解决室内的采光和通风。

我们将银山温泉内名为"白银温泉"的小型公共浴场也全部设计成了无双格子的立面。我们尝试着将两枚面板中的一枚用木材制作，另一枚用乳白色树脂制作，获得了通常无双格子所不能达到的近似隔扇的光影效果。

更进一步说，东京"三得利美术馆"大厅中的巨大的立面内侧，也安装可滑动的电动无双格子，可以根据展览内容对光线进行调节控制。

这一技术具体应用在"藤屋"面向道路的一层开口处，尝试以此来调节光线和私密性。另外，室内一侧没有使用普通的透明浮法玻璃，而是采用了有弧度的、带有色彩的特殊花窗玻璃。

银山温泉的公共浴场"白银温泉"（2001年）

大厅的通风处。光线穿过志田制作的花窗玻璃，柔和地从右侧道路射入室内

天主教修道院的花窗玻璃

这个旅馆项目原有最高层的塔屋部分贴有花窗玻璃，设计的灵感来自于业主藤氏的一句话，他说自己无法忘怀从那儿洒下的阳光。我认为大正时期浪漫主义的和式建筑与花窗玻璃的组合也是这个场所的精髓之一。

但是花窗玻璃是很难运用的素材。如果使用不当，可能会变成廉价的累赘，只会破坏场所的秩序。正在烦恼时，我见到了居住在法国的作家志田政人，并和他进行了有趣的交谈。从志田先生那儿我得知有一种介于透明玻璃和花窗玻璃之间，有着微妙纹理和色彩的花窗玻璃。

据志田先生说，在中世纪的多个修道会中，以戒律最严明而闻名的天主教会就追求使用这种无限接近无色的花窗玻璃。在以天主教会为主导的空想时代，修道院建筑的朴素和纯粹令人震惊，即便是镶嵌在此处的玻璃，教士们也讨厌用颜色太过艳丽的，否则就会破坏空间的纯粹性，所以他们竭力追求使用无色的玻璃。

但在中世纪要制作无色玻璃是非常困难的。由于无法滤除有杂质的金属离子，所以玻璃总是带色的。他们最终制出了一种浅绿色的玻璃。这种玻璃与现代故意着色的玻璃之间有着完全相反的紧张感。

我们再现了天主教的玻璃制法。在中世纪，天主教会不仅无法去除玻璃的颜色，在去除玻璃的弧度、纹理上也有困难。直到1848年才发明了制作玻璃面板的技术。而将融化的玻璃浇筑到融化的铅上，制造出平整玻璃（浮法玻璃）的做法到1953年才发明出来。

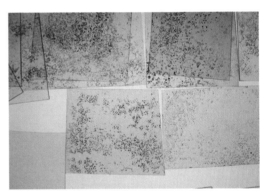

天主教会理想的"终极透明"花窗玻璃

从近到远依次是簾虫笼（竹子格子）、花窗玻璃、无双格子，这三重面板定义了外部和内部的关系

在中世纪，只能用手工吹制的方法制作玻璃筒，在其还未凝固之前，将其纵向切开并水平延展，用这种方法来制作玻璃面板。当然，这种做法必然会在玻璃面板上留下手工上漆玻璃特有的弧度和纹理。

在这个项目中，我们尝试着用这种弧度和纹理来创造外部与内部理想的距离感。

接着我们又交给志田先生一个艰难的任务。希望仅用花窗玻璃隔开外部与内部空间。

使用透明的、强度较高的浮法玻璃分隔内外空间，再在内部空间贴上花窗玻璃是现代一般的花窗玻璃细部做法。因为花窗玻璃既薄又纤细，自然无法抵御风吹雨淋。因此中世纪的教堂也采用了在其外部镶嵌透明的浮法玻璃的一般解决方案，以进行自我保护。

但是，最初仅凭一块花窗玻璃就能遮风挡雨。为了将花窗玻璃从装饰性的、柔软的材料中解放出来，使其重返坚固材料的行列，我们制定了一个大胆的目标，无论如何都要用一块玻璃来遮风挡雨。

通过抗风计算，只要玻璃厚度达到 4 mm，就具有足够的耐风、防水性能。而普通的花窗玻璃就有 3 mm 厚，所以只要再加厚 1 mm 就可以了。

但是，这微小的 1 mm 却是难以逾越的难关。如果是浮法玻璃，那么将其从 3 mm 变为 4 mm 也只是成本的问题，但是，依靠人工吹制玻璃块制作的人工玻璃。虽然仅加厚 1 mm，但这却意味着挑战工匠们的体力极限。

最终，多亏了路易十四时代就起家的法国老字号圣戈班公司的人工上漆的玻璃匠人强有力的肺，才使得 4 mm 的玻璃制作成为了可能。

簾虫笼

接着我们向分隔室内空间的一种叫作簾虫笼（sumushiko）的面板发起了挑战。分隔内与外的面板和分隔内部空间的面板在本质上是完全不同的，这就是我们在研究面板时的基本态度。

楼梯间细部。通过直径为 9 mm 的铁杆，木质台阶板从上部隐藏的钢结构梁上悬吊下来

就像衣服一样，隔绝内与外的是诸如冬季大衣之类的衣服，间隔内部的是衬衫和内衣之类的衣服。它们的材质应该是不一样的。越往内部，面板越细腻，纹理越精细，不管是在衣服上还是在建筑上都是同样的道理。

温泉旅馆本来就是为了让人们暴露脆弱的身体，并寻求解放的建筑。我们苦苦寻求比普通建筑内部的面板更细腻的材料，终于找到了一种叫作簾虫笼的、用细竹条编制的面板。

簾虫笼是日本一种传统的格栅，意思是"像蟋蟀笼子一样的格栅"，在不同的地方有不同的种类。在这个方案中我们所使用的是由金泽木匠中田秀雄介绍的金泽传统的竹制簾虫笼。

据说金泽的木匠也曾在银山一带工作过。首先将竹子切割成 4 mm 宽的棒状，然后将其一根根钉到木制框架上。施工作业全都是现场纯手工制作的。光是站在一旁观看木匠制作都觉得非常辛苦，制作过程中需要超乎寻常的注意力。

在"藤屋"中，从通风处直到走廊的顶棚全都粘贴了簾虫笼。之后数了一下，中田先生笑着和我说一共钉了4万多根竹子。

在东北山谷地区难熬的气候中，就像从外套到内衣这样一根一根地重叠，实现了面板的多层重叠。

通过多层面板的重叠，场所和身体被小心翼翼地联系了起来。

金泽木匠中田父子制作簾虫笼时的场景

簾虫笼细部。竹节排列构成了平缓的曲线

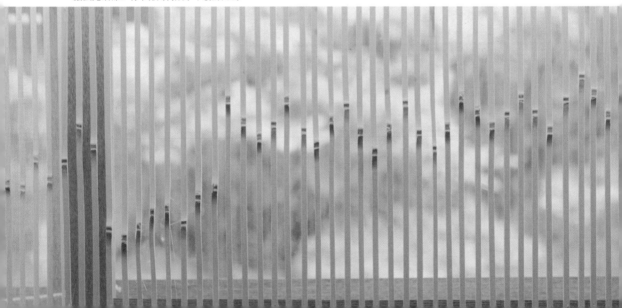

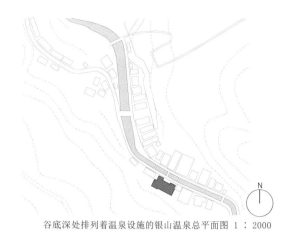

谷底深处排列着温泉设施的银山温泉总平面图 1：2000

三层平面图

二层平面图

一层平面图
平面图 1：500

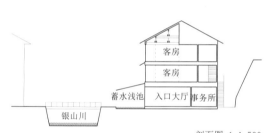

剖面图 1：500

银山温泉夜景。3层、4层建筑的连续，创造了别处所没有的特殊景观

梼原市场（Marché）

MARCHE YUSUHARA
2010 年

联系传统与现代的桥梁：茅草与杉树

所在地：高知县高冈郡梼原町

设计时间：2009 年 8 月至 2009 年 11 月

施工时间：2009 年 12 月至 2010 年 7 月

主要功能：旅馆、市场

构造：钢筋混凝土结构

桩·基础：扩展基础

用地面积：779.08 ㎡

投影面积：552.28 ㎡

建筑面积：1132.00 ㎡

建筑密度：70.88%

容积率：145.30%

层数：地上 3 层

建筑高度：10,480 mm / 屋顶高度：10,040 mm

所处地段：城市规划用地之外

梼原·木桥博物馆

YUSUHARA WOODEN BRIDGE MUSEUM
2010 年

所在地：高知县高冈郡梼原町

设计时间：2009 年 8 月至 2009 年 11 月

施工时间：2010 年 2 月至 2010 年 9 月

主要用途：展览场

构造：木结构，部分钢结构、RC 造

桩·基础：扩展基础，筏板基础

用地面积：14,736.47 ㎡

建筑面积：574.15 ㎡

总建筑面积：445.79 ㎡

建筑密度：13.22%

容积率：17.17%

层数：地下 1 层 地上 2 层

建筑高度：13,780 mm / 屋顶高度：12,680 mm

所处地段：城市规划用地之外

梼原市场外观。并非"茅草修葺"，而是用茅草覆盖外壁

"茶堂"文化的复活

梼原町（Yusuhara）位于高知县与爱媛县的交界处，是位于四万十川源头的林业村。

梼原市场，正如其名字一样，是贩卖当地蔬菜、水果、酱菜的小市场，与村营的有15个房间的小旅馆融为一体。在此，我们没有尝试新潟高柳"阳之乐家"中的用茅草修葺屋顶的方法，而是将茅草使用在外壁上。

梼原还保留有13座称为"茶堂"的由茅草修葺的特殊建筑。梼原因坂本龙马离开藩属国之后，从土佐到松山途中的沿街聚落而为人熟知。

为了缓解旅行者们赶路的疲劳，从藩政时代茶堂就开始广为建设。看到旅行的人，梼原人就会把他们请入茶堂，以茶招待。这种热情好客的文化是梼原人的骄傲。

梼原市场是旅馆和市场合为一体的、将梼原的好客精神流传至今的设施。我们确信，采用与现代建筑中常用的混凝土、钢铁、玻璃等形成强烈对比的拥有柔和质感的茅草，一定可以缓解旅行者的疲劳。

虽然这么说，但建筑是3层规模的，如果在3层之上再修葺茅草屋顶，房子的重心就会过高，给人一种不协调的感觉。

我们的解决方法是将茅草当作墙壁材料。采用这种方法，比将茅草堆砌到3层以上的高处更让人切身感受到茅草的温暖质感。

但是，紧接着又遇到了巨大的阻碍。根据建筑法，3层以上的住宿类建筑被分类为"特殊建筑物"，规定"外墙面应使用不可燃材料"，因此不能将茅草用于外墙面。

现在仍保留在梼原旧街道边的茶堂

茅草没有成为外壁材料，而是被设计成了可沿横轴回转的窗扇

虽然一度曾想放弃这个想法，但是后来我又想到了一个好办法。那就是不用茅草修葺墙壁，而是将其作为窗扇使用。建筑法规里关于"特殊建筑物"的规定，虽然限定了外墙面的材料，但是对于开口处的窗扇材料没有规定，使用木制框架的玻璃门或者木制隔扇都没有问题。

于是我反过来想，是不是同样可以用茅草制作窗扇，将其覆盖在整个外墙面上。以此开始了世界上独一无二的对茅草窗扇的研究。

首先必须考虑的是茅草作为建筑材料的使用寿命。据说，一般屋顶茅草的使用年限是10~30年。之所以有这么大的差异，是因为以前的民宅中有地炉，烧柴产生的烟气会从下面熏蒸茅草，起到了保护茅草的作用。据说，采用这种方法茅草能使用30年。但是现在已经没有装地炉的民宅了，所以茅草修葺的屋顶寿命也就只有10年左右。

就算不是用在屋顶上，而是在外墙面上使用茅草，雨水也会直接冲刷墙壁，茅草就会从此处开始腐坏，寿命同样会变短。为了避免这种情况，我们设计了较深出檐的剖面，以防止雨水的直接冲刷。

在梼原市场的设计中，屋檐从墙壁伸出了2.4 m。加深出檐的做法对于延长像日本这样多雨环境的建筑寿命非常有效。当然，出檐较深也能节约能源。我们经常使用较深的出檐，在多雨的日本这一"场所"，深远的出檐非常有效。

于是，最大的难题就是如何制作可开合的茅草窗扇的问题。这个东西谁都没有见过。

我们计划将茅草扎成草垛，并使其能够绕横轴转动。这样从内部看时，就不会注意窗框而直接看到茅草。另外，只要旋转一层的把手，就可以将上部手够不到的地方回转过来。这样一来窗扇的开合问题也就解决了。

将保留内皮的杉树原木林立在室内，贴在墙壁上的镜面反复映射后，创造出了身处森林般的空间体验

101号室

MWC

WWC

市场 / 展览

前台
事务所
食品储藏室

1F 平面图 / 总平面图

305
号室

301
号室 302
号室 303
号室 304
号室

306
号室

307
号室

3F 平面图

205
号室

201
号室 202
号室 203
号室 204
号室

206
号室

207
号室

2F 平面图

N

各层平面图 1 : 900

天光　　天光　　天光

306浴室　306号室

206浴室　206号室

市场 / 展览　　　　事务所

剖面图 1 : 300

天花同样采用保留内皮的杉树原木，将其对半切开后排列在一起，与茅草一起创造出粗糙、温暖的空间

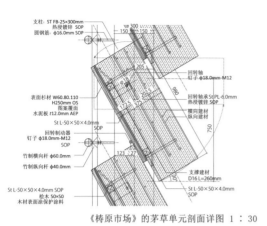

支柱：ST FB-25×300mm
热浸镀锌 SOP
圆钢筋：φ16.0mm SOP

W 300
150　150

回转轴
钉子 φ18.0mm-M12

205

表面杉材 W60.80.110
H250mm OS
图案覆面
水泥板 r12.0mm AEP

回转轴承 St PL-6.0mm
热浸镀锌 SOP

横向建材
纵向建材

St L-50×50×4.0mm
SOP
回转制动器
钉子 φ18.0mm-M12
SOP

980

750

竹制横向杆 φ60.0mm
竹制纵向杆 φ40.0mm

123　123

St L-50×50×4.0mm SOP

St L-50×50×4.0mm
SOP
桧木 50×50 SOP
木材表面涂保护涂料

《梼原市场》的茅草单元剖面详图 1∶30

"斗拱"构造的木桥

梼原另一个独特的项目是木桥博物馆。村长给我们提出的设计要求是，通过一座桥来衔接我们之前在梼原设计的"云之上旅馆"（1994 年）和之后的"云之上温泉"之间的道路。

梼原还保留着在木桥上建造屋顶的传统。带有屋顶的木桥与杉木和林业之村、多雨的梼原非常吻合，村民和我们的想法不谋而合。

廊桥是个很有魅力的课题。过去在欧洲和中国有许多廊桥。这样的设计不仅能保证行人走路不被雨淋，也能使木结构的桥体本身免受风吹雨打。还有将桥下的空间作为店铺、餐饮之用的好处。

我们提出将屋顶下产生的空间用作展示的方案，也就是用作美术馆空间的设计方案。因为如果仅仅作为交通空间，实在是有些浪费。

如果在桥旁并设艺术工作室空间，就可以邀请希望在大自然中工作的艺术家，将此处建设成艺术家工作室（Artist in Residence）的活动场地。这是一个既是桥，又是博物馆，同时也是工作室的，新时代的复合型公共建筑方案。

接下来的大问题就是采用何种结构体系来支撑木桥。木结构桥也是有着各种各样的架构方式的。最近由于制造胶合板技术的发展，制作1m以上大剖面尺寸的梁也变得很容易，因此有很多木桥使用看上去像是混凝土的大剖面框架。

梼原·木桥博物馆外景。这是一座有屋顶的，既是桥，又是美术馆，同时也是工作室的复合建筑

但是，我们所感兴趣的是日本传统的桥。在无法靠胶黏剂黏合木材制作胶合板的时代，木材的剖面尺寸和长度都受到限制。如何将短小的零碎材料进行组合，创造出坚固的结构体呢？

对这个问题绞尽脑汁之后，我们发现在日本各地有许多美丽的木桥。多亏了各种自然状态下的小尺寸材料，传统的木结构建筑才能保持平易近人的尺度。这也说明并非只要是木结构，就一定平易近人。

被称作日本三大奇桥的是山口的"锦带桥"、山梨·大月的"猿桥"和德岛的"葛桥"。不论是锦带桥还是猿桥，从下往上都可以看到小巧的木结构是点睛之笔。由无数细小的零件集合而成的美让人心旷神怡。在这次的梼原项目基地条件之下，从下往上看的情况很多。

我们所感兴趣的是运用在猿桥中称作刎桥（Hanebashi，译注：日本江户时代的筑桥方式）的构造体系。刎桥是被称为支撑木制屋顶的"组物"（斗拱）在筑桥上的应用。

斗拱起源于中国，是木结构悬臂（挑梁）方式的总称。斗拱又有三踩斗拱、三跳斗拱、一斗三跳斗拱、五踩斗栱、七踩斗拱等变体形式。它们的共同点在于都是通过组合小截面的木材，将屋檐根部的荷载平稳地传递到内侧柱子。

这种构造在中国和日本发展起来的背景原因与当地的气候条件有很大的关系。

山口的锦带桥

山梨·大月的猿桥
现在使用的不是木材，而是铁制零件

设计采用了斗拱挑梁的方式，用"刎桥"这种形式造桥。为了防止木材端部进水，涂抹了传统的白色贝壳粉。在梼原涂抹了高耐久性的水性乳液

要使生活空间免受强烈日照，就需要大屋顶。在中国、日本，特别是在一些冬季气候依然温暖的南方地区，大屋顶不仅可以遮阳挡雨，屋顶下也可以创造通风良好的、舒适的生活空间。但是人们并不想在屋顶的端部立柱。因为如果在屋顶的端部立柱，端部的立柱很快就会被雨水腐蚀。

为了解决这一难题，必须要尽可能地将柱子向内布置，用悬臂（挑梁）构造来支撑外侧屋顶。在这种必然性下，才产生了斗拱这一细部设计。从下往上看的时候，屋顶不易进入视野，斗拱是最引人注目的。因为越靠近建筑就越看得清楚，所以在斗拱的细节处理上，我们倾注了惊人的热情。

可以说斗拱是中国、日本建筑的精华所在。我们关注斗拱，"SAKENO HANA""国会旅馆东急"（The Capitol Hotel 东急）等建筑的室内设计也从斗拱得到了灵感，并尝试进行了设计。

运用斗拱方法建造的桥梁就叫作刎桥。通常刎桥的设计方法是利用在当桥两端的稳固地基，在两端地面逐渐出挑的情况下，因而最终形成的桥身近似拱桥。但这个项目中的桥并没有跨越山谷，而是建在了山体的斜面之上，只在一侧有地面。为解决这一非对称的问题，我们在桥的中部设置了柱子，从柱子开始用挑担人偶（译注：Yajirobee，弥次郎兵卫，两臂平伸姿态的玩偶）的形式向两端出挑斗拱。

为了解决"场所"的特殊条件，才产生了这种独特的形式。

伦敦的餐馆"SAKENO HANA"（2007 年）

"国会旅馆东急"（2010 年） 入口大厅

休息室内景。三铰拱结构的屋顶。可以看到窗外逐渐出挑的斗拱木

84

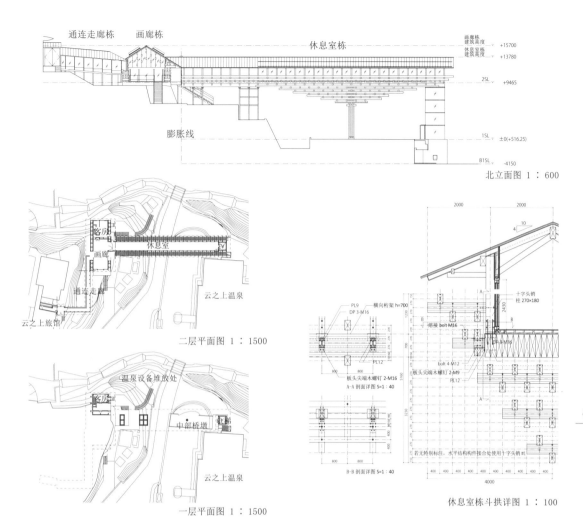

通连走廊栋　画廊栋　　　　　　　休息室栋

画廊栋建筑高度 +15700
休息室栋建筑高度 +13780

2SL +9465

膨胀线

1SL ±0(+516.25)

B1SL -4150

北立面图 1：600

客房

画廊

休息室

通连走廊

云之上旅馆

云之上温泉

二层平面图 1：1500

温泉设备堆放处

客房

中部桥墩

云之上温泉

一层平面图 1：1500

2000　　　2000

4 | 10

PL9
DP 3-M16
横向桁架 h=700

十字头销
柱 270×180

熔接 bolt M16

DP 4-M16

bolt 4-M12

PL12

2430

板头尖端木螺钉 2-M9

PL12

板头尖端木螺钉 2-M16
A-A 剖面详图 S=1：40

B-B 剖面详图 S=1：40

若无特别标注，水平结构构件接合处使用十字头销 #1

400 | 400 | 400 | 400

4000

休息室栋斗拱详图 1：100

工作室画廊内景。将休息室构造反转的小屋顶结构。可以活用为艺术家工作室的活动场所

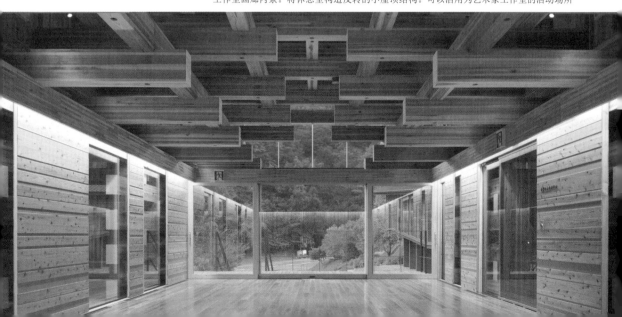

竹屋
GREAT BAMBOO WALL

GREAT BAMBOO WALL
2006 年

万里长城与建筑的契合

所在地：中国北京北部

设计时间：2000 年 12 月至 2001 年 4 月

施工时间：2001 年 4 月至 2002 年 4 月

主要功能：旅馆

构造：钢筋混凝土结构，部分钢结构

桩·基础：交叉梁条形基础

用地面积：1931.57 ㎡

投影面积：719.18 ㎡

建筑面积：528.25 ㎡

建筑密度：37.2%

容积率：27.3%

层数：地上 1 层 地下 1 层

建筑高度：5040 mm／屋顶高度：5830 mm

竹子与现代主义

我对于竹子这一材料本来就有浓厚的兴趣。木材本来就有着复杂内部纹理，需要机械切割之后才能制成条形材料，成为结构计算的对象。但竹子不需要人为加工，它本身就是笔直的条形材料。竹子生来就包含近代性和野生性这两种对立的存在。我们对现代技术产物与裸露的自然对立的话题很感兴趣，设计竹材建筑一直是我们的梦想。

同样的道理，在 20 世纪的现代主义运动中，也有许多对竹子感兴趣的人。布鲁诺·陶特作为首个评价桂离宫的西洋人，他对竹子也很感兴趣。

陶特在 1933 年 5 月 4 日通过西伯利亚铁路，经由哈巴罗夫斯克（Khabarovsk），从敦贺港登陆日本。当天就参观了京都的桂离宫。而那一天也是他 53 岁的生日。在入口处被称作桂垣的竹垣前，陶特突然放声大哭的事情也被传为佳话。

陶特一定是在竹篱笆中发现了什么。他一定是发现了西洋建筑中所不存在的东西。

可以看到左侧山上万里长城的一部分。万里长城周边 300 m 的范围是禁止建造建筑物的区域

陶特在日本生活的 3 年里，设计了大量的项目。其中他最感兴趣的材料就是竹子。他用竹材设计了很多椅子和灯具。也大量地将竹子用在建筑的墙壁和扶手上。

曾在柯布西耶的工作室工作过的板仓准三（注 1）是"竹子迷"，他甚至给自己的儿子取名竹之助。他也使用竹材设计椅子。

继承了日本传统建筑的 20 世纪日本建筑师，也对竹子抱有不同寻常的热情。这应该是因为他们感受到在竹子中共存着现代和传统这一矛盾吧。

例如，吉田五十八（注 2）就为其代表作京都冈崎的鹤屋（1965 年）设计了美丽的竹椅。

吉田五十八的对手村野藤吾（注 3），就在帝国饭店的茶室"东光庵"的顶棚上使用了网代（译注：编织篮筐和席子的技术）这一竹编技术。

一般的网代编织法都是紧密编织的，但村野的编织却留出了空隙，光线可从空隙中洒落下来，形成了独特的、有着近代味道的通透感。

桂离宫桂垣内侧　　　　　　布鲁诺·陶特在"日向邸"中设计的竹制扶手

位于中心的半室外休息室。2008 年北京奥运会总导演张艺谋在这里拍摄了奥运会宣传片的开篇场景

竹框架混凝土

虽然竹子是现代主义者和传统主义者共同关注的材料，但是他们都未将竹材作为建筑的构造使用。虽然竹子形状笔直，便于用作柱和梁，但一旦干燥容易开裂，所以不能用于承重。

我们一直考虑着能不能通过什么方法克服这个缺点。给我们灵感的是结构工程师中田捷夫的一句话：是不是可以尝试将竹子作为框架，向其内部插入钢筋，再浇灌混凝土呢？

如果该操作顺利的话，那么竹材就更接近构造材料了。虽然并不是完全作为构造材料使用，但比起之前只能用作贴附在构造材料上的装饰材料，它已经升级成了作为构造体的一部分的"不拆模模具"。

一般的模具在浇灌混凝土成形之后会被拆除（拆模），但所谓"不拆模模具"就是不用拆除模具、将其原封不动地保留下来的特殊施工方法。代表性的例子就是将混凝土浇筑到铁管中制作 CFT[水泥填充钢管构造（Concrete Field Tube）]。

CFT 依靠外部铁管、内部钢筋和混凝土这三种材料组合成结构体来发挥作用，比普通的钢筋混凝土柱子要细，且没有之后的拆模过程，因而可以缩短工期。

吉田五十八在冈崎京都鹤家设计的竹椅

东光庵（1970 年），村野藤吾，可透过光线的竹制网代顶棚

用浅蓄水池围合休息室，将竹百叶倒映到水面上，创造出竹造空间无限连续的印象

我们打算利用竹材制作 CFB[水泥填充竹管构造（Concrete Field Bamboo）]。

最初对这一构造的试验是在日本的 2 层小住宅中。将 50 mm × 50 mm 的 L 形钢埋入直径为 150 mm 的孟宗竹内，然后再向内浇注混凝土。在构造上混凝土起到抗压的作用，如果不使用混凝土，那就必须使用更大截面的钢筋。

可能有人会认为竹节的存在会妨碍钢筋和混凝土的注入。我们委托施工的京都安井工务店的安井清通过采用特殊的钻头，不用切开竹子就可以将竹节从内部去除，解决了这一难题。

在处理竹子的时候，有一些需要注意的事项。首先，竹子的采伐时间会影响到今后竹子的使用寿命。因为随着季节不同，竹子内部所含的糖分会发生变化，糖分低的竹子使用寿命较长。一般认为阴历盂兰盆节（八月中旬）的时候糖分最低，而新年之后糖分会迅速上升，这个时候采伐的竹子就容易腐坏。春季，竹子要为竹笋的生长储备糖分。

采伐来的竹子接下来要进行"脱油"热处理。竹子中有各种细菌，热处理后将其杀死，从而延长竹子的使用寿命。但温度过高也会伤到竹子的纤维。

脱油处理有两种方法。其中"热水脱油"就是将竹子浸在热水中，而"火烤脱油"则是将竹子放在灼热的铁板上烤。如果不进行脱油处理，预算可以削减 50%，但是若想要竹子表面有些烧焦的纹理，火烤脱油是一种非常好的方法。

我们进行了脱油操作。浸泡过热水之后，绿色的青竹变成了沉稳的黄色。

我们的第二个竹建筑是建造在长城脚下这一特殊场所的"GREAT BAMBOO WALL"。根据在日本建造竹之家的经验可以得知，不管经过怎样的防腐处理，若出檐较浅，墙面就容易受损。所以在设计中国的竹之家时，我们将屋檐伸出墙面 1.7 m，在延长竹造墙面的寿命上下了功夫。

厨房与下层的餐饮空间。内部空间根据地形设计了跃层

墙面用直径为 60 mm 的竹材留出同样的 60 mm 的间隔，并排列下去，以相同的尺寸重复格子材料和间隙，这是一种叫作小间返（译注：一种木条宽度与间隔相同的格栅）的日本传统建筑细部设计。

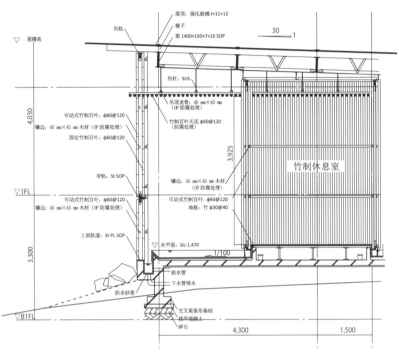

休息室剖面详图 1∶100

台阶。创造了竹百叶的稀疏和稠密的韵律，将光线柔和地引入

注1：坂仓准三（1901—1969 年）

与前川国男、吉阪隆正一起师从柯布西耶，是在日本实践
与展开现代主义建筑的建筑师。

注2：吉田五十八（1984—1974 年）

独立将茶室建筑近代化的代表昭和时期的建筑师。

注3：村野藤吾（1891—1984 年）

在合理主义流行的时代，通过丰富的装饰和造型在日本近
代建筑史上留下许多杰作的建筑师。

一层平面图 1：500

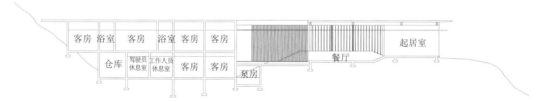

剖面图 1：500

配合长城附近起伏的地形，设计了跃层的剖面构成。设计没有采用将基地夷为平地的 20 世纪的典型做法，而是采用了将建筑底
面与地形吻合、起伏的构造方法

在南面吊装可滑行活动的竹面板，面板的开合可以控制日照

安养寺木结构阿弥陀如来坐像收藏设施

ADOBE MUSEUM FOR WOODEN BUDDHA
2002 年

使用基地土壤制作日晒砖方法的复活

所在地：山口县下关市丰浦町

设计时间：2001 年 2 月至 2002 年 2 月

施工时间：2002 年 3 月至 2002 年 10 月

主要用途：寺院

构造：钢混结构 部分钢结构

桩·基础：交叉梁条形基础

用地面积：2036.75 ㎡

投影面积：107.89 ㎡

建筑面积：63.23 ㎡

建筑密度：25.11%（最大允许 80%）

容积率：19%（最大允许 240%）

层数：地上 1 层

建筑高度：7400 mm/ 屋顶高度：7750 mm

所处地段：未指定用地性质地段

散布世界的日晒砖

据说，在山口县下关市北部，丰浦的安养寺中有一尊日本最大的木雕佛像，这是一座 12 世纪的高 2.7 m 的阿弥陀如来坐像（重要文化遗产）。这个项目就是设计保存它的设施。

第一次调研基地时，在寺庙周围来回走动时发现了神奇的土藏。土藏是指用土营造的仓库，但是在日本，一般的土藏是先用木材制作框架，再在其中填土，最后涂上一层薄土或灰泥而完工的建筑。

但是丰浦的土藏，从它破损的部分可以看出，它并没有木框架结构，而是仅仅依靠土形成的大土块。而且，仔细观察之后可以发现它是由 60 cm × 40 cm 的大土块堆砌而成的。

使用泥土的著名施工方法要数版筑法。版筑就是将土在现场混合成泥浆，用板材制作成模具之后，再将溶在水中的泥土浇筑其中，用棒子从上面夯实的施工方法。在中国、韩国，版筑是普通的施工方法，在日本的木结构建筑中，也有木造建筑的地基利用版筑的案例。

收藏在日晒砖收藏库中的阿弥陀如来坐像

在丰浦我们发现了与版筑相似的、堆砌土块的施工方法。简单来说，就是广泛分布于世界各地的日晒砖施工方法。

首先，将泥土溶于水中，并混入稻草、布屑等纤维制作砖块，然后日晒，使其干燥，再从下往上依次堆砌，是一种朴素、原始的施工方法。即便是难以得到石材、木材等材料的地区，这种施工方法也不难运用。不需要像木结构建筑那样复杂的细部连接。这是门槛最低，几乎人人都能轻松参与的施工方法，可以说是建筑操作方式的开山鼻祖。在沙漠等干燥地区至今仍在使用这种施工方法。

砖块的大小根据场所而异。有埃及那样4 cm、5 cm厚的扁平砖片的砌筑，也有中国西南部云南省那种混凝土砌块大小的尺寸。

美国土著普韦布洛（Pueblo）族就多用日晒砖技术。因为美国土著的流动性较大，使用帐篷等临时住宅生活的人较多，普韦布洛族作为唯一的营定居生活部落而为人所知，"普韦布洛"在土著语中是"家"的意思。

由日晒砖堆砌的明治时代丰浦的土藏。仔细观察可以看到每块砖之间的连接

丰浦的土墙也同样使用日晒砖堆砌方法建造

在日晒砖堆砌的墙壁上，设计出檐深远的屋檐

在欧洲民居中广泛使用日晒砖技术。其中包括与木框架结构并用和单独使用日晒砖堆砌两种情况

使用泥土的可持续建筑

在日本，日晒砖技术并未普及。这种构造方式与日本的气候、风土所要求的大屋顶下通风良好的开放空间是不相符的。

但是在丰浦，保留了许多用这种方法建造的土藏、土墙。土墙也和土藏一样，采用了与在框架上涂抹一层薄土的日本普通的施工方法不同的做法。

为什么在这个场所，会存在这样的施工方法，关于这一问题的研究还远远不够。但可以明确的是，这种施工方法并不古老，它是一种在明治时期被广泛应用后又被舍弃的施工方法。

一种说法是，明治时期在确立大米贸易的专门制度之前，可以将米囤积在仓库中，等高价时卖出就能获得巨大利益。为此，丰浦的农家流行起了自己建造日晒砖土藏的做法。的确，只需将自家院子里的土制成砖进行日晒风干，可以说是再简单不过的可持续建筑施工方法。

埃及的扁平日晒砖

中国云南省制作日晒砖的场景

该建筑是由 60 cm×40 cm 的日晒砖块堆砌建造的

另一种说法是，丰浦的土壤质量特别好，适于日晒砖的制作。以前，工厂曾用土抛光汽车引擎内侧，据说不论是丰田还是日产都使用颗粒大小一致的丰浦土壤对发动机进行抛光。虽然不知道日晒砖的强度如何，但丰浦这一场所的土质特殊是毋庸置疑的。在用基地的土壤制造日晒砖之后，我们确信其强度和我们预期的一样。

但不论砖块本身强度如何，仅将其堆砌起来是不能建造抗震建筑的。不管怎样，这个设计项目保存的是重要的文化遗产，不容许有半点闪失。我们小心翼翼地先建造了水泥的框架，与框架紧密结合后，又在外部堆砌了日晒砖，以这种形式来保存佛像。因此，日晒砖变成了特殊的形状。

在大佛的前部以及两侧部分采用了不同的细部处理。通过铁板与日晒砖的组合，保证了结构的强度，建造了通风良好的墙面。同样，在墙面与地面的交接部分也使用了这种设计，用作地板下的换气口。

用日晒砖建造的普韦布洛族古代聚落"陶斯·普韦布洛"（Taos Pueblo）

为使砖块与混凝土框架紧密结合而设计的特殊形状

南立面。错动两侧墙壁和墙壁底部的砖块，制造通风换气用的缝隙

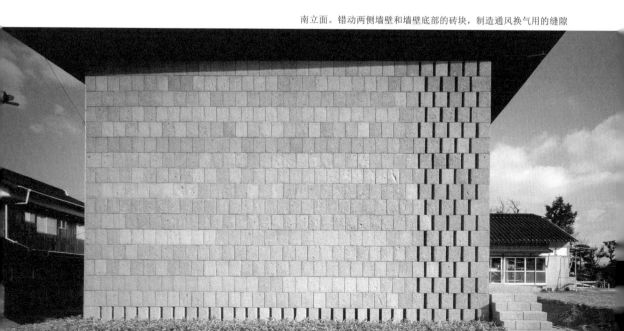

该项目的另一个挑战是不能使用机械空调设备。土墙有着调节温度、湿度的能力——房间的湿度升高则会吸收水分，湿度降低则会释放水分。我们想利用土墙这一独特的性能，在不用机械空调的情况下，保存木结构大佛。

最初，文化厅的官员对这一设想面露难色。不管怎么说，其中存放的可是重要文化遗产，保证一定的温湿度是必要条件。我们又提交了温湿度模拟实验的报告，最终才使得不使用机械空调来保存重要文化遗产的设想成为可能。

像这样不用机械控制环境，而是利用材料控制环境的方法也是可持续建筑的一个方向吧。在场所中长期使用的材料，应该就是原本就符合这个场所的气候和风土的材料。

在建筑领域，空调就是空调，材料就是材料，理论和施工也都是纵向分割的体系。但是实际上，空气、环境、建筑材料之间是一种密切相关、不可分割的关系。

通过场所这一媒介，可以将这一纵向分割的体系修整合一。

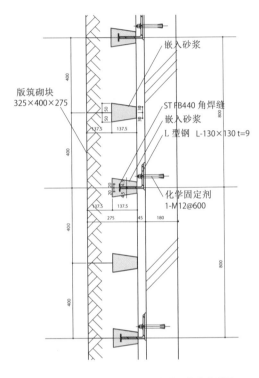

版筑砌块安装详图 1：20

通过土墙对湿度、温度的调节，使得不使用机械空调也可以保存木结构大佛

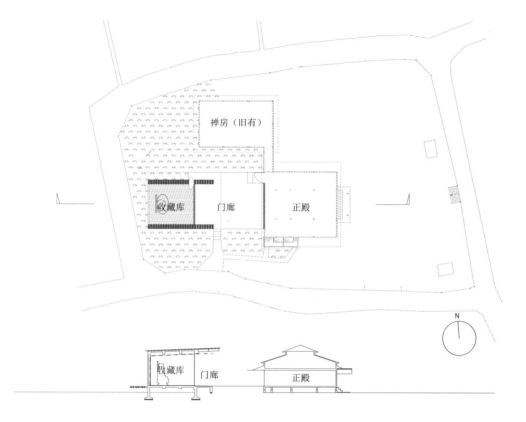

总平面图、剖面图 1：800

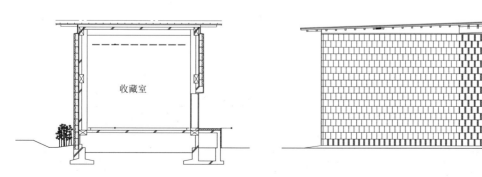

南北向剖面图 1：300

南向立面图 1：300

根津美术馆

NEZU MUSEUM
2009 年

通过屋顶重檐，契合表参道与建筑

所在地：东京都港区南青山

设计：2004 年 11 月至 2007 年 8 月

施工：2007 年 8 月至 2009 年 6 月

主要功能：美术馆

构造：钢结构、钢混结构

基础：桩基础

投影面积：1947.49 ㎡

建筑面积：4014.08 ㎡

建筑密度：38.55%

容积率：38.16%

层数：地下 1 层 地上 2 层

建筑高度：14,260 mm/ 屋顶高度：10,230 mm

所处地段：准防火地区 城市规划用地

第一种中高层住宅用地 第一种居住用地

第二种高度限制地段 第三种高度限制地段

屋顶制造的连续感

在根津美术馆这一项目中，我们对屋顶进行了彻底的考察。首先，必须了解在城市中建筑屋顶这一元素起到了什么作用。

根津美术馆位于可称作东京的香榭丽舍大街的表参道尽头。

是用墙面来接纳从表参道来的人流还是用屋顶来接纳？这是首先需要做出的重大选择。如果选择用屋顶接纳，那么用山墙面和用檐墙面（与山墙面成 90° 角的檐下部分）是有差异的，场所不同会形成完全不同的关系。

如果用山墙面，就是将场所变成山墙的三角形。三角形这种棱角分明的图形会与场所形成对峙。

相反，如果用檐墙面，就表示要将场所与建筑互相融合。这样就不会违背走向建筑的人们的意识潮流，将这一流向通过屋顶的坡度平稳地过渡到天空。

我们决定用屋顶，并且是檐墙面来接受来自表参道的人流。以此定义建筑与场所的关系。之后根据该定义，确定了各个要素。其中包括总平面、平面规划、剖面、细部和材料。

接纳表参道人流的大屋顶檐墙面（平面）。将人的注意力导向窗户和建筑背后的日式庭院

用檐墙面接纳人流，这就与表参道的商店立面——通过墙面面向街道的方式形成了对比。

过去日本的城市都是通过屋顶这一媒介与街道和建筑相连的。但是，20世纪混凝土普及以后，就开始以墙壁为媒介连接建筑和城市了。

而表参道也不例外。混凝土建筑以墙面这一表情向城市发表自己的主张。我们的设计首先从否定"墙面"这一粗糙的关系性开始。我们希望在都市的洪流中静静地安置建筑，将人流和他们的注意力自然地引导到建筑背后的日式庭院中去。

首先，通过檐墙面将来自表参道的人流方向平缓地旋转。在此屋顶也起到了很大的作用。在90°向右旋转的同时，将街道上热闹欢快的气氛渐渐转变为屋檐下静谧、幽暗的氛围。

这一檐下门廊空间中，屋檐前端被压低，屋檐伸出了3.7 m。这种深檐依靠普通的木质悬臂是很难达到的。要想隔绝表参道嘈杂的人流，就必须要有体量感较大的幽暗空间。

山墙面入口街景（新泻县三岛郡出云崎町）

檐墙面入口街景（富山县高冈市吉久）

檐下门廊。门廊向右旋转的同时，等待着人们的是截然不同的静谧、幽暗空间

屋顶重檐

这一檐下空间设计的难题并不只是 3.7 m 的悬挑。还有另外三个难题。其一是如何收束屋檐前部，其二是如何收束屋檐出挑下部，其三是如何设计檐下这一内部空间。

屋檐前部的问题是关乎建筑物屋顶整体的问题。而屋顶又定义了场所和建筑的关系。

我们的研究首先从檐墙面面对表参道的大屋顶该用何种材料修葺开始。大致说来，有用瓦盖的屋顶和用金属板盖的屋顶这两种选择。我们采用了将屋顶主体用瓦，而屋檐前端则用金属板的方法。但这样设计之后，瓦片与金属板之间的缝隙这一特殊的细部让人感觉屋顶并不是一个整体，而是两个屋顶的重合。

通过墙壁这一媒介处理街道和建筑面对面的关系，让人感觉很残酷。而屋顶在它们之间可以起到缓冲的作用。如果还能形成重檐，缓冲的过程就更为丰富。如果在低矮屋顶的对面再加一层屋顶形成重檐构造，就能产生进深感。通过两个屋顶这一媒介，柔和地衔接了道路这一场所和建筑的关系。

门廊部分 剖面图 1：100

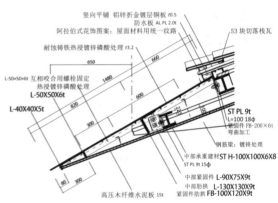

竖向平铺 铝锌折金镀层铜板 r0.5
防水板 AL PL 2.0t
阿拉伯式花饰图案：屋面材料用统一纹路
耐蚀铸铁热浸镀锌磷酸处理 r3.2
L-50×50×6t 互相咬合用螺栓固定
热浸镀锌磷酸处理
L-50X50X6t
L-40X40X5t
53 块切落栈瓦
650
660
1480
600
820
300
300
ST PL 9t
L=100 18φ
紧固件 FB-200×6t
弯曲加工
钢筋梁：镀锌处理
中部承重建材 ST H-100X100X6X8
ST PL 9t 15φ
中部紧固件 L-90X75X9t
中部肋拱 L-130X130X9t
紧固件肋拱 FB-100X120X9t
高压木纤维水泥板 15t
80 300

屋檐详图 1：30

瓦盖的屋顶主体和厚铁板盖的屋顶前端，屋顶有重檐的感觉

为此，我们考虑用不同的材料和不同的细节来处理近处和远处的屋顶。这种建造重层屋顶的透视法，也经常被用在传统的日本建筑中。我们还使用了区分一层屋顶用瓦与二层屋顶用瓦大小的手法，通过将一层的瓦片做大，二层的瓦片做小，让人觉得二层的瓦片比实际看上去更远，尝试强调了多层重叠。

在瓦屋顶下侧末端使用金属板覆盖也是为了使屋顶产生重檐感。茶室建筑的大师村野藤吾就反复运用这种手法，创造出空间的进深感、建筑与街道的距离感。

我们在根津美术馆使用的瓦片和金属板的重檐可以说是它的变体。根津美术馆细部的独到之处就是瓦片和端部之间的缝隙将屋顶进行了分离。除此之外，端部的细节处理也很特别。

一般的屋檐端部都会使用 0.3 mm 厚的金属板进行"一"字形覆盖。虽然这是村野藤吾经常使用的、具有平衡感的细部设计，但是对表参道这样热闹的场所而言，似乎 0.3 mm 厚

度的一字形修葺并不能致胜。简单来说，像在表参道尽头建造了和风荞麦面店一样，感受到了产生温吞建筑的危险。为了避免这种情况，屋檐末端的金属板就必须选用可以抵抗表参道的喧嚣、嘈杂的、具有锐利感、坚硬感的材料。

我们选用了 3.2 mm 厚、硬质的铁板作为屋顶端部的覆盖材料。在此基础上，为了表现 3.2 mm 的原始厚度，还对金属屋顶的端部做了直接切削的细部处理。

通过对材料端部的不同处理，即使是相同的材料也会给人不同的感受。让人感觉到不同的硬度和重量感。因此我们特别关注材料末端的收束处理。此末端部分与建筑所处的"场所"相接，在面向"场所"的情况下，其端部收束方法不同，建筑整体的形象也不同。

瓦的细节

表参道这一"场所"就是瓦本身的评判标准。大体来说，瓦的种类有传统的"本瓦"

屋檐将立面一分为二，减弱了二层建筑压迫的体量感

和江户时代之后因其容易施工而普及的"栈瓦"两种。

使用哪一种瓦，主要是根据建筑所处的场所而定的。我们在濑户内海小岛——音户之濑户设计的"吴市音户市民中心"，主要使用了本瓦。因为我们发现利用本瓦建造有阴影的深远出檐正是形成濑户内海稳重景观的基础。

我们还使用本瓦开发了瓦制百叶这一新的细部设计方法。瓦制百叶是使用瓦这一传统材料向如何获取现代透明性发起的挑战。本瓦制作的瓦制百叶，缓和了濑户内海地区强烈的日光。

但是，在表参道这一场所，我们没有用本瓦，而是选用了栈瓦。这是因为本瓦带来的阴影具有明确厚重的肌理，与表参道喧闹的都市氛围不协调。接下来的课题就是如何将栈瓦的端部收束得既轻又薄。

在使用瓦的时候，最困难的是如何收束屋顶的下部和屋顶起始处的上部。通常是用被称为檐瓦的特殊形状的材料收束下部，用被称为脊瓦的特殊形状的材料覆盖上部。但每种特殊形状的瓦，都在强调自己的存在，结果是仅仅强调了屋顶的边缘（端部），使得瓦这一元素原有的轻快粒子感丧失殆尽。

我们的目标是不使用边缘，创造出屋顶戛然而止的效果。不仅屋顶末端部分的材料处理需要这样，其他的材料也要创造这种突然结束的效果，以这种设计手法来实现场所与材料的平稳连接。

我们最后实现了一种无为而治、清爽宜人的细部效果。

在下部收束处不使用特殊形状的材料，其他部分也同样使用栈瓦收束。当然，因为

吴市音户市民中心的本瓦百叶

"吴市音户市民中心"（2007年），通过降低屋顶，将三层的体量巨大的建筑与大地衔接起来

是普通的瓦片，所以可以看到下端瓦片的剖面形状，可以感受到瓦片的轻薄。由于受到台风气候影响，日本瓦片要比中国瓦片厚很多，对此我们一直颇为遗憾。即便这样，通过裸露截面，倒也能轻松地实现和场所的衔接。

屋顶下部与结构性能

接下来的课题是屋顶下部。首先需要决定的问题是，屋顶之下是铺设顶棚还是裸露结构体系。日本建筑的传统做法是铺设顶棚，而中国建筑则是裸露结构体系。据说这是因为日本雨水较多，如果不铺设顶棚，从下面溅起的雨

水会缩短建筑的寿命。中国建筑的普遍做法则是不仅是屋檐，就连室内也不做顶棚。在中国非常重视结构体系的裸露。中国建筑和日本建筑的决定性差异就是顶棚。中国建筑注重结构的展示。这可能与中国的文学、哲学、文化等都比日本文化更重视逻辑和结构关系有关。

基于这一认识我们开始了对根津美术馆屋檐细部的研究。在现代，即使不铺设顶棚，也不会严重影响屋顶的寿命和性能。但是，如果不做顶棚，那么从下部看时，支撑根津美术馆的3.7 m巨大挑檐的悬臂钢架结构就会完全暴露，让人感觉到屋顶本身是非常厚重的。

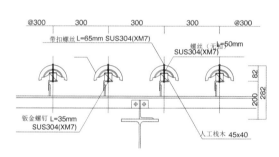

吴市音户市民中心的本瓦百叶剖面图 1：20

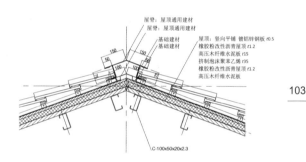

根津美术馆屋脊收束详图 1：20

栈瓦修葺的根津美术馆大屋顶下部不使用厚重的特殊形状的材料，而是通过切割细部强调瓦片的轻薄感

屋顶是联系建筑与场所的界面，我认为只有尽量将这一界面做薄，才能更好地延续场所和建筑这一日本传统建筑的基本主题。

我们希望继承这样的做法。最终我们的解决方案是，既铺设顶棚，又突出一小部分的钢梁下端的这种微妙细部设计。这种做法与根津美术馆的收藏品相似，在日本建筑和中国建筑之间做了很好的折衷。

在铺设屋檐顶棚的同时，构造若隐若现，这种纸糊面板似的感觉是日本屋檐顶棚所固有的构造与饰面的平衡。在日本，还有在屋檐顶棚之下贴附化妆垂木（译注：不起结构作用但看似结构构件的屋顶材料）的方法。化妆垂木正如其名，它并不是结构性的材料，而是起到装饰作用的材料。但是，通过贴附化妆垂木，可以消除屋檐顶棚纸糊面板的感觉，从而获得结构清晰的观感。

日本建筑就是这样，既不拘泥于将结构暴露的"构造原理主义"，又避免了表层上隐藏一切的"表层原理主义"。在室内装饰中，暴露柱子"真壁"（编者注：明柱墙和和式房屋的墙壁比柱的宽要薄些，从外面能看到墙柱）

104

虽然设有顶棚，但是仍可以瞥见钢梁结构端部的根津美术馆门廊

贴附有化妆垂木的"慈照寺东求堂"（1465 年）的屋檐顶棚

山墙面边缘的修葺参照了传统的"蓑甲"（译注：将山墙三角折线调整得更为深远的做法）做法，消除了屋顶端部的厚重感

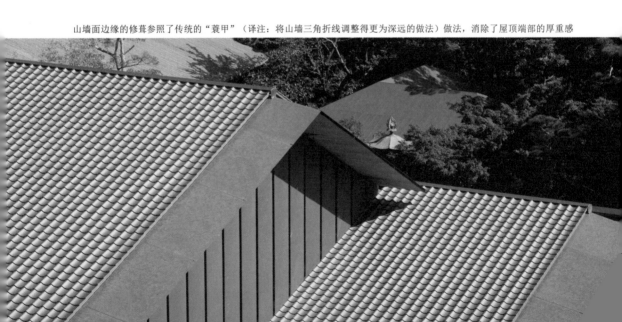

的做法也能体现这种平衡感。

在根津美术馆的设计中，没有使用化妆垂木，而是采用了露出悬臂钢梁下端的设计手法。钢梁是两块铁板熔解制成的组合型（注1）T形钢，屋檐顶棚下没有采用薄铁片覆盖H形钢的凹凸不平的边缘，而是用露出表面的薄铁板做了收束。这一细节使得屋顶的轻薄和结构性能同时传达给了下面的步行者。

屋顶收束的另一个要点是其山墙面屋顶的收束。檐墙面部分可以通过铺设屋檐顶棚设计出轻薄的感觉。但是，如果将屋檐顶棚的断面就这样暴露到山墙面，就像将休息室

都旅馆和风别馆《佳水园》（1959年），村野藤吾
蓑甲消除了山墙面屋顶的厚重感

的杂乱展现在人们面前一样。

为了避免这种情况，日本的传统建筑中就有一种叫做"蓑甲"的特殊细部设计方法。消除山墙面屋檐的厚度就是蓑甲的功能。因此，致力于制作轻薄屋顶的村野藤吾就是蓑甲大师。

我们所采用的细部设计也是一种现代的蓑甲手法。从屋顶山墙面的端部开始，斜向下修葺金属屋顶，用蓑甲消除屋顶的厚重感。事实表明我们成功了。利用现代版的蓑甲技术，不论从什么角度观察屋顶，都可以保证它具有既轻又薄的感觉。

关于庭院部分的细节设计，我们最为关注的是如何将庭院部分的柱子尽可能做得轻快、纤薄。按照一般的结构规划，即使使用比混凝土截面积小的钢结构，在庭院部分也必须排列使用300 mm或450 mm的角钢柱。如果在庭院排列使用这种尺度的柱子，不论使用多大的玻璃，庭院和室内空间都会是分离的。

在庭院处通过使用正面宽度为10 cm的方钢柱，实现了茶室式的轻盈感

我们的下一个目标，是让庭院部分的柱子尽可能接近 9 cm、10 cm 这种普通木柱的尺寸。从室内看起来柱子的尺寸就是 10 cm，这样就可以获得一种不逊色于传统木柱空间的透明感。

要使其成为可能，一种方法是，通过使用清一色的钢柱代替方管进行施工。

另一种方法是采用这样一种结构规划，即用混凝土墙加固靠近表参道一侧的展览室部分，使这一部分承担地震造成的额外荷载，而庭院一侧的柱子仅承载垂直荷载（即屋顶的重量）。实际上，在日本传统建筑中，也有这种依靠内部墙壁承载地震荷载，而将周边柱子做细的构造方法。

注 1：组合型（Built）
　　也称作钢材熔接（Builtupmember），是一种不通过压延，而依靠熔接数块铁板制作规格中没有的形状、尺寸材料的方法

西立面图 1：1000

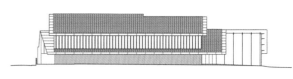

北立面图 1：1000

展览室内景

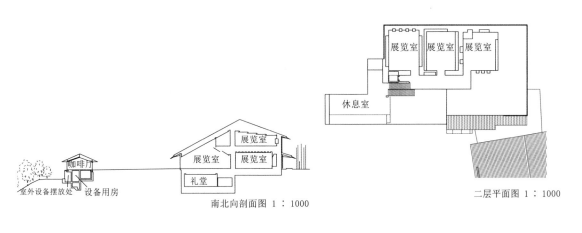

室外设备摆放处　设备用房

咖啡厅

展览室

展览室　展览室

礼堂

南北向剖面图 1：1000

展览室　展览室　展览室

休息室

二层平面图 1：1000

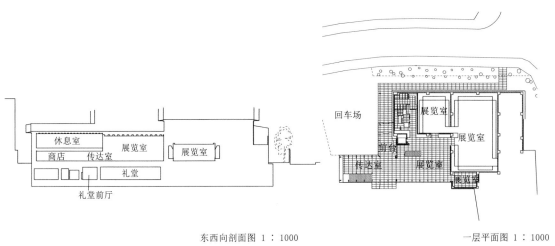

休息室

商店　传达室

礼堂

礼堂前厅

展览室　展览室

东西向剖面图 1：1000

回车场

展览室

展览室

前台

传达室　展览室

展览室

一层平面图 1：1000

107

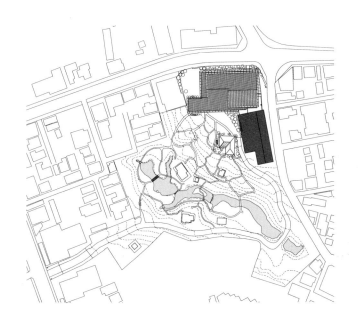

N

总平面图 1：2500

浅草文化观光中心

ASAKUSA CULTURE AND TOURIST INFORMATION CENTER

通过堆叠木结构单层建筑，设计中高层建筑

所在地：东京都台东区

设计时间：2009 年 1 月至 2010 年 2 月

施工时间：2010 年 4 月至 2012 年 2 月

主要功能：事务所、展览场、餐饮店

构造：钢结构、部分 SRC（译注：钢混结构）

桩·基础：桩基础

用地面积：326.23 ㎡

投影面积：234.13 ㎡

建筑面积：2159.52 ㎡

建筑密度：72%（最大允许 100%）

容积率：662%（最大允许 700%）

层数：地下 1 层 地上 8 层

建筑高度：38,900 mm/ 屋顶高度：35,900 mm

所处地段：有防火规定用地 商业用地

屋顶重檐

复活屋顶的尝试在台东区文化观光中心项目中得到进一步展开。

指定的北侧用地，位于正对浅草雷门的特殊地段。但是基地面积很小，若要满足给定的总建筑面积，剖面的形式就会变成普通中高层楼房的样子。

我们认为作为介绍浅草文化的公共建筑，需要有与商业大楼不同的象征性。五重塔给处于无限烦恼中的我们带来了灵感。

不论在中国还是在日本，塔都是重檐的形式。通过重复屋檐，可以保护外墙和结构免受雨水冲刷。如果不这样做，木塔很快就会腐坏。

通过屋顶的水平方向的分节，会使塔体产生尺度感。这样就能避免塔成为伸向空中的抽象物，使得像单层建筑重叠那样的对高度的把握成为可能的、具体的存在物，紧密联系建筑与场所。这样塔就具有了亲切、平易近人的气质。

世界上最古老的木结构塔"法隆寺五重塔"（7 世纪末至 8 世纪初）

中国的塔状建筑"北寺塔"（1153 年）

在研究屋顶重檐的细节过程中，我们发现了这种形式的另一个优点，那就是在保证顶棚高度的同时还能够提供足够的设备空间。

一般情况下，20世纪的中高层建筑都需要在顶棚上设计较大的设备空间。这就导致了顶棚层高的缩减，并且每层空间都变成了被顶棚和地板两块平行板所夹的毫无趣味的空间。如果采用了我们的多层重檐剖面设计，每层都能实现像单层建筑那样富于变化的室内空间。

柯布西耶的多米诺体系，密斯·凡·德·罗的流动空间（Universal Space），都是以水平面地板的重叠为前提的。这些概念在倾斜地板、顶棚的中高层建筑中，蕴含着巨大的可能性。

通过重檐和单层建筑重叠的印象，将建筑与场所接续，使其成为平易近人的存在

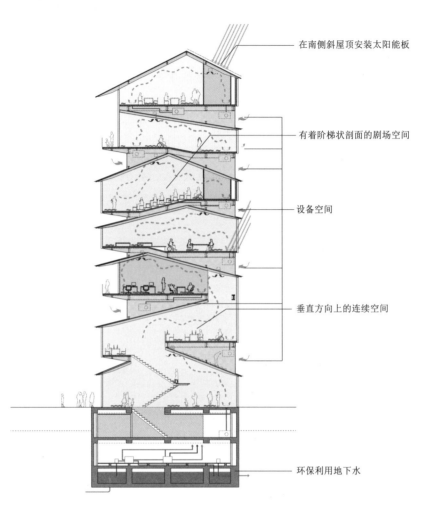

在南侧斜屋顶安装太阳能板

有着阶梯状剖面的剧场空间

设备空间

垂直方向上的连续空间

环保利用地下水

剖面图 1：400 通过屋顶的倾斜和楼层的间隙提供设备空间，创造出丰富变化的室内空间

从富有堆叠屋顶特征的剖面规划中诞生的阶梯状空间，成为了浅草新的剧场空间

格拉纳达
表演艺术中心

GRANADA PERFORMING ARTS CENTER

通过堆叠六边形小建筑建造歌剧院

所在地：西班牙 格拉纳达

设计时间：2009 年 3 月—

主要功能：多功能厅

构造：RC 造

桩·基础：筏板基础

用地面积：6553 ㎡

投影面积：4780 ㎡

建筑面积：12,042 ㎡

层数：地下 1 层 地上 5 层

建筑高度：32,000 mm

部分与整体的新关系

在西班牙格拉纳达表演艺术中心项目的设计中，进一步深化了浅草型的大体量分割的设计手法。

如果说浅草的项目通过堆叠单层建筑重新定义了中高层建筑，那么格拉纳达项目在垂直方向和水平方向上都堆叠了小体量的建筑。

多层重叠的关键在于六边形的几何学。在格拉纳达的山顶，建有被称为伊斯兰建筑杰作的阿尔罕布拉宫。与引导希腊、罗马建筑主流的古典主义建筑没能摆脱直角坐标系的束缚不同，伊斯兰建筑自由使用 60° 角和 45° 角，创造出了丰富的空间形式。

阿尔罕布拉宫也不例外。伊斯兰建筑的几何学给了我们很大的启发。就算将大体量进行水平、垂直的切割，仍旧不能将分割来的新"部分"看成自主的新单元。但是，若采用六边形的几何分割，形成六边形的"部分"就可以独立成为"小建筑"，体现出自己的存在。我们发现在六边形这种几何图形中存在着非凡的魔力。

通过六边形自立的部分空间的重层构成了整体建筑

并且，基于六边形这一几何学的斜面，兼具开口处遮阳的功能，从而保护建筑免受西班牙安达卢西亚（Andalucía）地区强烈的日照。如同浅草项目中重层的屋顶向各个楼层投影一样，在这里也会投下六边形的影子。

这种形式在构造方面也有优点。堆积的六边形也被称为蜂窝结构。如同字面意思，这是蜜蜂巢穴的基本构造，薄板状的材料通过构成六边形，可以形成具有强度的整体结构。

运用这一原理，设计中不再需要柱子、梁等承重结构，仅凭蜂巢结构就能支撑建筑整体。六边形不仅可以分割外墙面，而且被沿用到了室内，甚至影响了歌剧院的室内设计。

设计中，将容纳1500人的大歌剧院作为50人一个单元的小剧场集合体，对其进行了重新定义。

阿尔罕布拉宫（13—14世纪），是建造在格拉纳达山丘上的伊斯兰建筑杰作

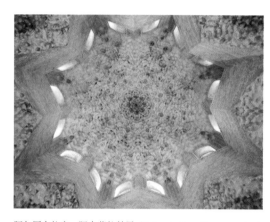

阿尔罕布拉宫、阿本莎拉赫厅（Sala de los Abencerrajes）由钟乳石（stalactite）构成的自由几何形的顶棚

六边形的自由斜面也能作为屋檐，发挥支撑建筑的蜂巢结构的功能

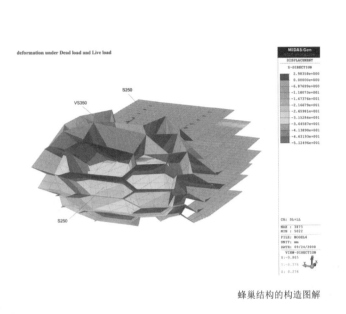

deformation under Dead load and Live load

S250

VS350

S250

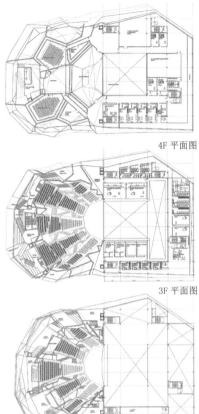

4F 平面图

3F 平面图

1F 平面图

平面图 1：2000

蜂巢结构的构造图解

通过层叠六边形这种构成方式，使得整合格拉纳达现有的街道、人体尺度和新建筑的尺度成为可能

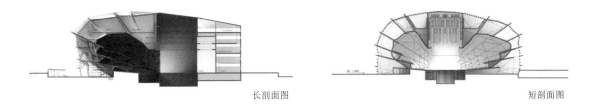

长剖面图   短剖面图

北立面图

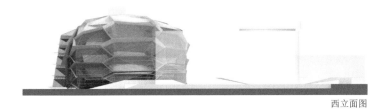

西立面图

立面、剖面图 1：2000

歌剧院内景。室内设计也通过小剧场的集合体对可容纳1500人的大剧场进行了重新定义

伞 · UMBRELLA

CASA UMBRELLA
2008 年

更轻更软的圆顶屋

所在地：米兰三年中心（Triennale Di Milano）美术馆 米兰，意大利

设计：2007 年 11 月至 2008 年 4 月

施工：2008 年 5 月

主要功能：临时住宅

构造：伞结构（钢）

投影面积：15 ㎡

建筑面积：15 ㎡

层数：地上 1 层

建筑高度：3590 mm/ 顶棚高度：3500 mm

主要规格：4750 mm × 4750 mm

建筑的民主化

在米兰的"米兰三年中心"每三年就会举办一次国际设计活动，我受邀参加 CASA DE TOUT（大众之家）展览。

地震、海啸、龙卷风等大灾难和气候异常一直接连不断。21 世纪，地球进入了板块活跃期，全球变暖引发了一系列自然灾害。许多人失去了家园，为此需要设计很多供难民居住的建筑。在这种状况下，他们希望我从建筑师的角度来考虑为失去家园的人们提供怎样的临时住宅。

根据这一要求，在我们脑海中立刻浮现出的是建筑师巴克敏斯特·富勒（Richard Buckminster Fuller）。富勒是尝试将至今为止的建筑概念本身彻底解体的人。简言之，他所尝试的就是建筑民主化。我们突然有这样一个念头，在"大众之家"的设计中，应该参考富勒毕生追求的民主化作业。

建筑民主化可以说是 20 世纪上半期现代主义运动的主题。直到 19 世纪，西欧的建筑不论是设计过程还是施工过程都和民主化相距甚远。

将 15 把伞组合成的半球形临时住宅安放在米兰三年中心的庭院中

首先，只有极少数的精英可以从事建筑设计活动。只有从以法国国立美术学校巴黎艺术学院设计学院（Cole des Beaux–Arts）为代表的少数精英教育机构毕业的人才会被国家授予建筑师的资格，因而建筑设计工作被他们垄断了。

　　他们所学的以及毕业之后实践的建筑设计都带有浓重的精英主义色彩。他们设计的前提是遵循从古希腊、罗马一直传承下来的古典主义建筑繁杂的规则。其中有多立克柱式、爱奥尼柱式、科林斯柱式等五种柱式，每种柱式都有自己固定的尺寸确定规则，一

巴黎艺术学院设计学院
19 世纪巴黎成立的法国综合美术学校。在 1968 年的五月革命中，其精英主义遭到批判，建筑系被独立出来，分成了若干个建筑大学

古典主义基本的柱式
上部：左起分别是托斯卡纳柱式、多立克式，中部：爱奥尼柱式、罗马爱奥尼柱式，下部：科林斯柱式、组合柱式

内部空间约为 15 ㎡，可供 15 人生活

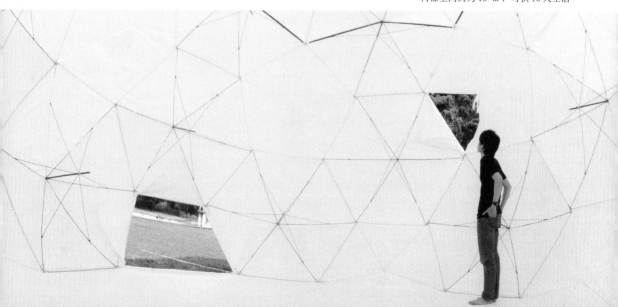

旦选择了某种柱式，建筑所有部分的尺寸都可以以此自动生成，他们的设计就是依据这套体系。

只有接受过巴黎艺术学院设计学院精英教育的精英们，才能理解这一规则，并以此为基础，稳重地进行权威主义的设计。

这一体系不仅是精英主义，同时也是否定场所多样性的体系。将古希腊、罗马确立的设计规则奉为无上至宝，将其强加于世界所有场所中，这就是古典主义建筑的本质。在此，归根结底，应该没有对场所多样性、固有性的尊重和考虑。

领导了20世纪现代主义运动的建筑师柯布西耶和密斯·凡·德·罗，对这种精英主义设计一直是大加鞭挞。

他们否定古典主义建筑特有的复杂装饰，以及关于建筑各部分比例的复杂规则。在这层意义上，现代主义建筑是彻底地反对精英主义的，事实上柯布西耶和密斯也不是那种会被巴黎艺术学院设计学院录取的优等生。

但是，如果以自由的眼光来看待，即使是现代主义建筑，也仍然带有精英主义的色彩。就拿柯布西耶的著名代表作萨伏伊别墅来说。的确，这一建筑去除了古典主义的一切装饰，也无视了比例的规则。

但归根结底，这个住宅是中标的建筑师为特定的客户设计的"作品"，它只是"特别的家"而并非"大众之家"。

萨伏伊别墅（1931年），勒·柯布西耶

Dymaxion House（译注：生造词，是指最大限度利用能源的，以最少结构提供最大强度的建筑，包含 Dynamic、Maximum、Ion 三个单词）（1929年），巴克敏斯特·富勒，以大量生产住宅为目标描绘的原型

富勒的建筑解体

富勒曾认真地考虑要建造"大众之家"。他思考和实践的初衷并不是只生产一件"特别的家"，而是大量生产廉价的"大众之家"。由此他发表了自己"Dymaxion House"的想法。

"Dymaxion"是富勒组合了"dynamic"和"maximum"之后的生造词。在比汽油罐大一圈的胶囊中，装满建造一间房子所需要的材料，用一辆卡车运送到现场，仅用一天就能完成房屋的建造。

富勒的这个想法是认真的。对在第二次世界大战中胜券在握的美国而言，这个课题是关于战时军用产业的生产设施在战后活用的大问题。富勒与军工厂合作，生产了许多廉价美观的铝制 Dymaxion House。

但富勒的 Dymaxion House 事业最终以失败而告终。毕竟家和汽车是不同的。美国的"大众"并不希望住在和"大众"一样的房子里。他们想要的是无可取代的、供自己家庭使用的、独一无二的房子。

以无可取代的住宅这一标准来看，铝制 Dymaxion House 实在是过于千篇一律和冷酷，就算想布置或装饰得符合自己的风格，也没有与此对应的独特的可适性。Dymaxion House 摆脱不了工业产品的束缚，也无法走出 20 世纪这一工业时代。

从这个意义上来说，不论是 20 世纪的现代主义还是富勒，都对场所毫不关心和冷漠。柯布西耶的萨伏伊别墅的主题则是通过底层架空，不仅与物理场所完全分割，就连平面和形态设计都与场所这一重要的、复杂的问题割断了联系。

富勒的大量生产的住宅，是想通过无视和否定场所，使大量生产成为可能，使民主化成为可能。

但是富勒并不是会因为 Dymaxion House 的失败而畏缩的人。二战后的富勒就富勒穹顶这一创新理念展开了充满活力的研究活动。

基于 Dymaxion House 概念的以量产为目的开发的 Dymaxion 居住装置"威奇托住宅"（Wichita House）（1945 年）与制造飞机的军工厂合作生产

富勒穹顶是通过连接小块材料来制作半球形穹顶的设想。富勒穹顶的出发点是如何利用最少的材料创造最大容积的空间。富勒还预期从这个方向提高构造的效率，这与解决地球环境问题是相关的。

他出版了《地球号太空船操作手册》（1963年），首先指出地球的资源有限、环境脆弱的问题。他的远大理想是通过富勒穹顶来解决地球的环境问题。

他设计建造了无数的富勒穹顶。其中有名的有1970年的蒙特利尔世博会上的美国馆，富勒发表了用富勒穹顶覆盖纽约曼哈顿的这一超越传统建筑概念的项目设计。

日本读卖新闻财团所有人正力松太郎也曾邀请富勒在后乐园建造富勒穹顶，设计室内棒球场，但仅用FRP制（译注：Fiber Reinforced Plastics，纤维增强塑料）的富勒穹顶建造了读卖财团俱乐部，而并未实现其室内球场的预想。

富勒穹顶是以"大众之家"为目标的项目。富勒尝试用现代的"砖石"来建造"大众之家"。虽然Dymaxion House也以民主化为目标，但是大量生产的方式抹杀了"场所"和"个人"。

但若按照富勒穹顶这一民主化的形式，只需准备好砖石，之后让个人自由地砌筑，这样每个人就能创造出与"场所"和自己完全符合的、世界上独一无二的"大众之家"了。

曼哈顿穹顶规划（1959年）
将曼哈顿的一部分用富勒穹顶覆盖，创造人工环境这一恢宏的构想

蒙特利尔世博会美国馆（1970年），通过透明的塑料实现了富勒穹顶的构想

富勒穹顶是富勒所尝试的建筑民主化的里程碑。但是富勒辞世之后，富勒穹顶就没有了新的发展。其原因之一是，富勒准备的砖石——即三角形、五边形的单元材料——都是过于工业化的产品，并且需要金属连接件进行连接作业，像工业社会那样过于复杂而使"大家"无法适应。

伞构造的魔术

我们想向富勒穹顶注入新的血液，设计出 21 世纪崭新的砖石，这也是我们米兰设计展项目的目标。

半球形的空间、与日常相关的就是伞了。我们向负责构造设计的江尻提出了为何伞的骨架可以那么轻巧、纤细，而富勒穹顶的骨架却那么粗的疑问。富勒穹顶之所以看上去是 20 世纪工业社会的产物，其粗壮的骨架也是原因之一。

江尻的回答简明扼要：伞巧妙地利用了骨架的支撑（在构造力学上称之为抗压力）和膜的拉力（在构造力学上称之为张拉力）。

与此相对，富勒穹顶完全依靠骨架，膜是为了遮风挡雨在之后附加上去的次级材料。

有趣的是，西欧的伞采用了基于现代伞构造的纤细骨架，而中国和日本纸伞的纸却过于脆弱，无法形成张拉力，骨架也很粗。

我们这才发现伞原来有这么出色的构造体系。但是制造巨大的伞在技术上要求很高，难以实现。于是我们将伞作为小单元考虑，也就是说将伞当作一块砖石，考虑是不是可以靠简单的连接方式形成较大的整体。这才是真正意义上的"大众之家"，真正的"民主化"。

连接方式这一问题出人意料地得到了轻松解决。只需用拉链就能轻易将伞联系起来。我们也发现拉链的连接方式有着足够的传力强度。

伞·UMBRELLA 骨架支撑和获得膜张拉平衡利用了伞的构造，骨架直径设计得极细

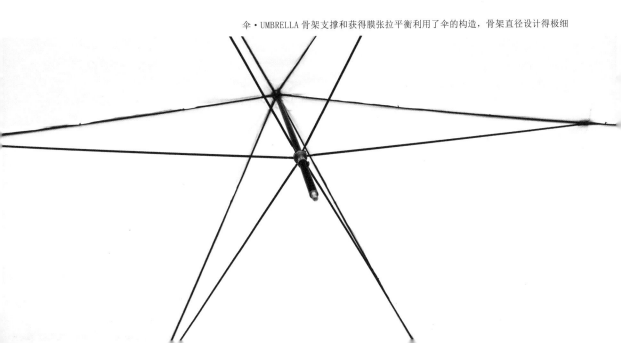

这样，剩下的就是几何学的问题了。关于穹顶的形状问题，富勒留下了丰富的研究资料。既可以用三角形单元构成穹顶，也可以通过五边形和六边形的组合制作穹顶。

我们的设计方案是使用15把六边形的伞组合制作穹顶。这个方法的有趣之处在于伞和伞之间能够形成空隙。如果将覆盖三角形空隙的多余的布（折翼）事先制作在伞上，就可以使这些缝隙成为可开合的窗户。

从几何学的角度来看，这些三角形的空隙似乎破坏了系统的完整性，但如果换个角度来看，就是使用了解决现实环境问题（通风、换气）的小工具。

实际上，可以说建筑设计就是反复进行这种"换个思路"的作业。虽然从数学的角度来看会关注系统的完整性、一致性；但从建筑方面来看，需要将一致性的问题转变为适应现实的能力的灵活的思考方法。正所谓物极必反，月盈则亏，寓意深远。

用15把伞制作的穹顶直径5 m，高度3.6 m。虽然绝对算不上宽广，但其空间可供15人生活。到了万不得已的时刻，只要"大家"都拿着自己的伞就行了。将伞放在玄关等显眼的位置，一旦发生地震，洪水来袭，可以带着这把伞一起逃走。只要汇集了15个拿着相同的伞的人，就能建造"大众之家"。

122

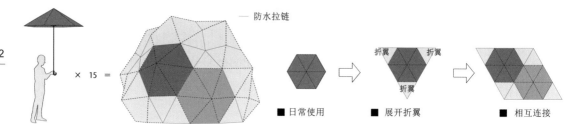

伞・UMBRELLA 是 15 把伞的集合体

通过拉链将伞与伞连接起来。打开覆盖几何学上空隙的折翼，可以引入光和风

实际上，在米兰设计展上，15 名学生聚集起来，用了 5 个小时建造了一个"家"。有趣的是，在伞这种个人的、日常用品的功能性中，竟然还有与建筑的共通性，竟然可以建造成大型的建筑。

伞和衣服相似，给人一种柔软、不可靠的感觉，但有趣的是，它居然具有构成坚固的、可靠的建筑的功能。

与富勒穹顶构造单元具有 20 世纪工业社会粗糙、冷漠的表情不同，构成这个伞·UMBRELLA 的砖石有着 21 世纪轻质、柔软、直率的表情。

这个伞的设计，与 20 世纪的定居型工业社会的"砖石"无关，而是与 21 世纪的游牧式的、脱离工业化社会的"砖石"相对应的。

注 1：理查德·巴克敏斯特·富勒（1895—1983 年），出生于美国马赛诸塞州的思想家、设计师、结构设计师、建筑师、发明家、诗人。

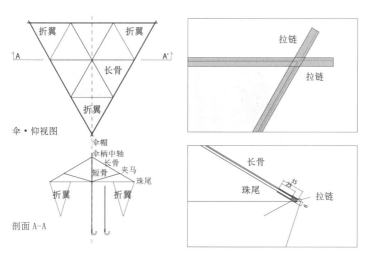

伞的细部 1：120 伞的制作委托了制伞匠人饭田纯久

15 名学生仅用 5 个小时就建成了一个"家"

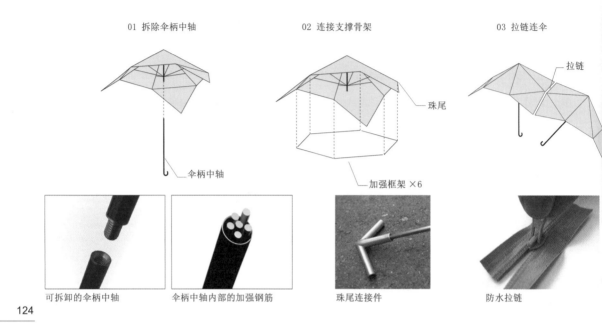

01 拆除伞柄中轴　　02 连接支撑骨架　　03 拉链连伞

拉链

珠尾

伞柄中轴

加强框架 ×6

可拆卸的伞柄中轴　　伞柄中轴内部的加强钢筋　　珠尾连接件　　防水拉链

用拉链连接各把伞，伞柄设计成可拆卸的形式

伞的材料采用了杜邦（Du Pont）公司廉价的防水毡布 Taibekkusu（译注：一种长纤维不织布）

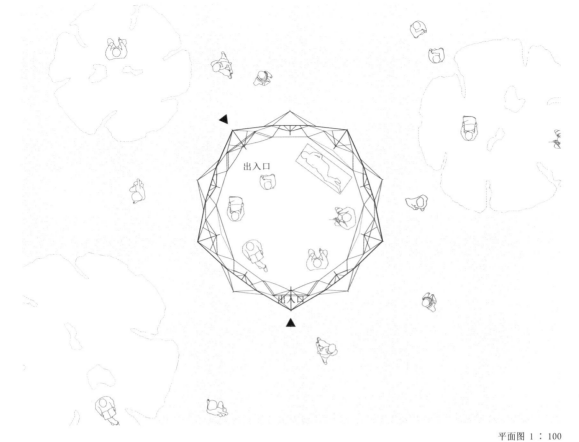

出入口

出入口

平面图 1：100

轻质、柔软，与场所融合、可自由移动的现代游牧住宅

水砖 / 水枝

WATER BLOCK/WATER BRANCH
2004—

受细胞启发的游牧式·自律型建筑体系

道路施工现场所使用的聚乙烯路障

从工业用聚乙烯到水砖（Water Block）

与伞之家项目同时进行的还有我们设计的另一个"大众之家"。那是一个通过堆砌聚乙烯而制作的名为"水砖"的项目。

如果发现 21 世纪的"砖石"是我们的一个目标，那么，这种聚乙烯制作的砖石，就与以前用土烧制的砖石形状相似。

两者之间有两点不同。其一是可以通过注水或抽水来调整其荷重。灵感来自于施工现场所使用的路障。这种路障是空着被搬到现场的，然后现场注水，以确保路障不会被风吹走，这是一个设计非常高明的产品。我们觉得这是一种与 21 世纪游牧式的生活方式完全吻合的材料。

另一点不同在于砖石的堆砌方法。传统的砖石依靠水泥砂浆这种"浆糊"来粘结，是一种利用浆糊接续小单元（砖石）的方法。

堆砌水砖建造的墙壁。以空着的状态搬入现场，在现场注水形成下部较重、上部较轻的平衡

这种做法的确在砌筑的时候能起到作用，但在建造完成后的解体工作中，这一做法就出现了问题。水泥砂浆作为"浆糊"过于强劲，一旦连接起来，在拆除时就会导致砖石的碎裂，这与21世纪游牧式生活方式中的解体、在其他场所再利用的精神产生冲突。

我们想到的方法是，对其进行乐高积木那样的凹凸加工，连接各个单元。如此一来，解体、再利用也变得简单，即使施工的人是外行，也能像搭积木一样堆砌完成。没有注水的砖块非常轻，与砖石相比施工也更为简单。

这种做出凹凸连接单元的方法在日本的传统木结构建筑中也有运用。这种连接方式被称作印笼。就是水户黄门那句有名的"难道没看到这个印笼吗？"台词中的印笼。印笼是用来存放药之类贵重物品的小型可携带容器，为了提高其密闭性而在盖子和盒子主体部分设计了凹凸，这样就能完全吻合地盖上盖子了。

日本的木结构建筑不使用钉子或粘结剂来连接，而是用印笼的方式连接各个零部件。

水砖 简单来说就是可以注水的聚乙烯制乐高积木

印笼

通过印笼式的凹凸将水砖连接起来

不仅是柱、梁等结构零部件，就连外墙使用的木板和顶棚材料的连接部分也经常使用印笼式的方法来填充空隙。印笼这一方式也解决了木材固有的伸缩问题。在水砖项目中，我们将砌筑砖石单元的结构体系与日本传统的印笼式样进行了组合。

水砖和砖石的差异可以总结成干作业和湿作业的差异。干湿作业是建筑施工法分类时的一个标准。像那种使用水泥砂浆连接的方式就是湿作业。

举例来说，在混凝土上安装石材时，现

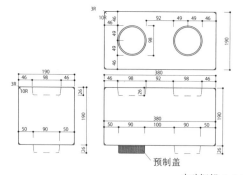

预制盖

水砖细部　1：15

在大都用金属连接件连接的方法，这就是干作业，但是以前大都是用黏糊糊的水泥砂浆"浆糊"贴附石材的湿作业。

因为湿作业的可靠程度受到粘结剂强度的影响，随着时代的进步，施工方法就向着粘结性能稳定的干作业方式演变，当然湿作业也有其优点。而且，不是所有建筑都可以采用干作业。但是湿作业建造的建筑可以体现人性化的温润空间这种说法，也实在是不太科学。

在水砖的设计中，连接方式是干作业，但是由于会向其中注水，所以也属于湿作业范畴，这个设计具有干湿作业的两面性。

用水砖建造的生物建筑

但是，水砖有一个很大的缺点。那就是水砖虽然可以轻松地建造墙壁，但是无法建造屋顶。屋顶必须用其他的板材建造。所以不能断言水砖什么都能建造。

水砖在梼原民居的更新中也发挥了作用。在古老的民居中置入了可移动的墙壁和家具

在普遍性这点上，水砖遇到了难题。

为此，我们考虑了名为"Water Branch"（水枝）的细长单元。将水砖做成细长的形状有两个优点，其一就是通过错动单元向上堆砌，不但可以制作墙壁，还可以制作屋顶。

这种错动堆砌的技术，也是日本和中国木结构建筑中重要的设计方法。是一种通过逐渐错动柱上斗拱将屋顶挑出柱子之外的手法。

通过斗拱就能将挑出部分屋顶的荷载平稳传递到柱子。斗拱不仅是构造上的必需物，从下往上看的时候也很美观，是木结构建筑的精华之一。我们将斗拱的原理在水枝这种现代材料中进行了再现。

水枝的另一个优点就是利用其细长的形状使得水在枝（Branch）中流动。在水枝两端安装阀门，连接起来的水枝之间可以形成水流。

死水和活水虽然都是水，但在本质上还是有所不同的。在水开始流动的瞬间，水枝就变成了类似于生物的、由细胞构成的存在物。细胞并不是独立存在的单元，而是借助各种液体的流动互相联系的存在物。

Water Branch 有着"水的枝条"的意思

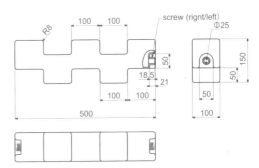

水枝细部 1：15
在两端安装阀门，可以使水在其中流动

根据一边错动构件，一边挑出修筑的斗拱的组合原理，可以用水枝建造屋顶

单元并不仅仅依靠物理的衔接，通过其中的流动液体也可以衔接，从而产生生命体的种种功能。

在水枝中，通过枝条的机能，可以使冷热水在其中流动。普通建筑中会将管线与墙壁、屋顶分开布置。但在水枝中，墙壁和顶棚本身就是管线。它既是生物的身体，又是支撑生物的构造体系，同时还类似于建筑的管线。

由水枝建造起来的建筑，还可以实现建筑整体的地暖、地冷、墙暖、墙冷功能。这与生命体中产生的行为相同。身体通过对毛细血管中血液的控制来调节身体的冷暖。用水枝建造的建筑与其类似，也可以通过控制其中流动的液体来调节空间的温度。

我们想到了利用阳光控制水枝中水流温度的方法。一般情况下，加热冷水需要使用以电、煤气、石油等为能源的锅炉。但是，

生物并不是依靠外部锅炉，而是依靠自己的身体调节冷暖的。与此相同，我们想到了利用太阳能将系统中流动的水流加热或制冷。

20世纪的建筑依赖于电、煤气等基础设施，丧失了自律性。依靠他人、依靠国家而变得越来越脆弱。3·11正是警告我们，依赖基础设施的状态是何等脆弱。

如果能够利用太阳能建造出像生物那样具有独立性、自律性的建筑，那么建筑和国家的关系应该会发生重大改变。建造不依靠国家基础设施的、自给自足、自由自在的建筑是应该可以实现的。

这样的建筑或许也能改变个人与国家的关系。或许可以不依赖国家，而使自由的建筑和自由的个体成为可能。

水枝是为了找到这样的新型建筑而进行的一项实验。

堆砌水枝建造的实验性住宅。厨房、浴缸、床都是通过组合水枝制作的

从地板开始砌筑实验住宅

连接水枝，让水在其中流动

通过手摇发电机自主发电

Water branch 两端各有右螺丝、左螺丝　　Water branch 之间可以轻松连接

连接体系说明图

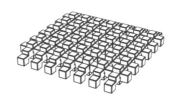

垂直砌筑

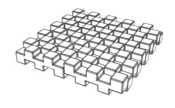

并列砌筑
（水平方向）

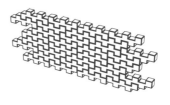

并列砌筑
（垂直方向）

水枝在横向和纵向都可以自由扩展

在水枝实验住宅的外部，同样设计了用水枝制作的收集太阳能加热冷水的集热器，在那里能产生取暖、洗澡、墙暖的所用的温水

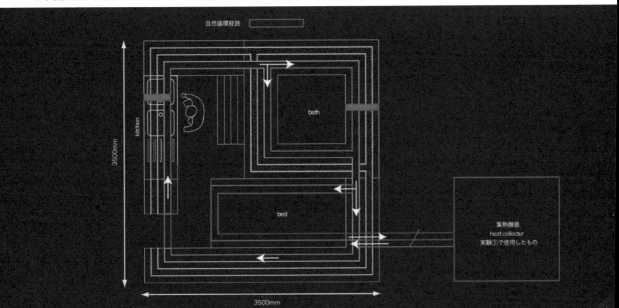

千鸟

CIDORI
2007 年

GC Prostho 博物馆研究中心

GC PROSTHO MUSEUM RESEARCH CENTER
2010 年

受飞弹高山玩具启发的小截面木结构单元体系

所在地：米兰，意大利

设计时间：2007 年 1 月至 2007 年 4 月

施工时间：2007 年 4 月

主要功能：临时构筑物

结构：千鸟格子（240 mm × 240 mm）

投影面积：15.00 ㎡

建筑面积：15.00 ㎡

层数：地上 1 层

建筑高度：3100 mm

所在地：爱知县春日井市

设计时间：2008 年 4 月至 2009 年 5 月

施工时间：2009 年 6 月至 2010 年 5 月

主要功能：博物馆，研究所

构造：木结构，RC 造

桩·基础：地下一层 / 筏板基础，一层 / 交叉梁条形基础

用地面积：421.55 ㎡

建筑面积：233.95 ㎡

总建筑面积：626.5 ㎡

建筑密度：53.13%（最大允许 60%）

容积率：152.24%（最大允许 200%）

层数：地下 1 层 地上 3 层

建筑高度：9990 mm/ 屋顶高度：8990 mm

所处地段：商住用地 准防火用地 第一种居住用地

CIDORI 外观。建造在米兰斯福扎城堡中庭的临时构筑物

三维榫卯魔术

在飞弹高山，我们发现了一种名叫"千鸟"的有趣的玩具。虽只是一种积木，但刚接触时就使人感觉像是一个魔法棒。不用钉子和胶水，仅仅靠单纯的转动，就能将三根分离的木棒铆接到一起，千鸟竟是这么神奇。

其实将两根木棒榫卯的技术并不稀奇。日本木结构建筑的基础就是利用榫卯，不用钉子和胶水就能连接两根木材。就像前文所述的印笼，仅靠凹凸组合就能连接各个单元。

日本人看到榫卯结构是不会感到惊讶的。但千鸟却让人吃惊。如果说榫卯是平面结构，那么千鸟就是三维结构。千鸟从 x、y、z 三个方向编排，仅通过转动将三根木棒连接起来。

千鸟的秘密就隐藏在其连接之处的精细木结构中。将三根木棒分别进行各不相同、巧妙的切割，然后按照顺序将其放在一起，最后略微旋转第二根木棒，它们就像被锁死一样不会脱落。

就在我幻想着将这个技术运用到建筑上会建造出怎样的建筑时，就得到了与这一设想完全相符的、来自米兰的设计委托。委托的内容是在宁静、祥和的米兰，列昂纳多·达·芬奇的赞助人斯福扎的城堡中庭里，设计一个小型的临时构筑物。

千鸟的结构方式非常适合这种短时间建设、短时间解体的临时建筑。若是使用钉子或者胶水，那拆除起来也是一项工程。若是拆除方法不当，材料就会损坏而成为垃圾。

但是，一旦使用了千鸟这种构造方式，只要将转动固定的方式反向操作，就能按照顺序拆掉木棒，拆除时非常省事。

在飞弹高山流传的传统玩具：千鸟

以飞弹高山"千鸟"的结构原理组装而成的临时构筑物细部。通过切割和旋转，不用钉子和胶水就能将 x、y、z 三个方向的木棒组合起来

经过结构分析我们发现，如果木棒剖面边长为 3 cm，网格模数为 24 cm，就可以支撑可容纳人体的 3 m 高的展示馆。

因为千鸟玩具的剖面边长为 1 cm，与其相比该结构显得很粗，还要在连接处切割出大凹槽，剩下的边长只有 1.2 cm。甚至让人担心这么纤细的木棒能不能支撑住结构。

按照上述尺寸加工的木棒从日本运送过来，由研究室的学生在会场进行组装，5 天后展会结束，再恢复成组装前的样子，于是，在斯福扎城堡中庭首次实现了千鸟构造体系的建筑形态。

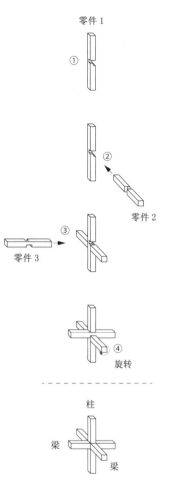

千鸟构造组装图解

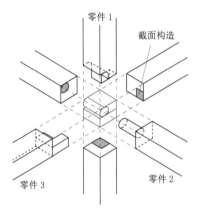

零部件接口部分图解

从 CIDORI 中仰视斯福扎城堡。仅靠截面边长 3 cm 的零部件按照 24 cm 的网格模数建立起的自承重空间

小截面木材建造的细胞建筑

不管怎么说，米兰展会上的千鸟（CHIDORI）不过是个小型的临时构筑物。我们接着就想运用这一构造体系建造真正的建筑。

3年后我们有了这样的机会。我们用这一构造体系完成了爱知县春日井市住宅区的一个小型博物馆的设计委托。因为是3层建筑，所以仅用千鸟结构来建造，在建筑法规上是不可能的。

负责结构设计的佐藤淳与我们讨论后得出的结论是综合使用混凝土结构与木结构。博物馆功能必须有足够的抗震性能，所以我们将千鸟的截面边长从3 cm增加到了6 cm。网格模数改为50 cm。

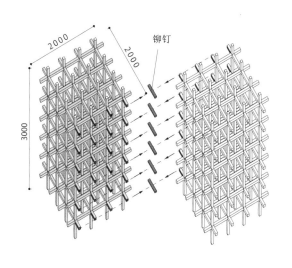

每个零部件长2 m，按照50 cm的网格模数进行组合，同时嵌入铆钉

在东京大学进行了千鸟结构的破坏实验，确认了其具有足够的强度 GC PROSTHO MUSEUM RESEARCH CENTER 外景

6 cm的小截面零件、50 cm网格的绝对小截面组件，缔造了轻盈的印象

为了确保安全我们用实物进行了抗震测试。一般木构最短截面边长也有 9 cm，边长为 6 cm 的截面本身就给人前所未有的轻盈的感觉。

千鸟结构支撑起了博物馆顶棚 9 m 高的室内空间。光线透过千鸟纤细的网格射入室内，产生了有如树林中斑驳光影的效果。

20 世纪木结构建筑的发展方向是"从小截面到大截面"。随着使用粘结剂连接木材技术的发展，热胀冷缩、反弓、失控的危险越来越小，大跨度的大截面胶合板材成了木结构建筑的主要材料。

的确，依靠技术革命，即便是木结构也能创造出大空间。但是，这样的结构所使用的合成材料的柱和梁，与混凝土的柱和梁的尺寸几乎没有差别，也显得很粗糙。

木结构应该遵循自然材料固有的尺寸限制。正是有了尺寸的限制才能表现木结构建筑空间独特的纤细感。千鸟结构在建筑中的运用，就是将木结构的小尺度回归到建筑中的一种尝试。

另外，这也是和依赖于粘结剂、复杂金属连接件的 20 世纪木结构建筑发展方向的一个对比。

大截面木结构建筑，与其说是现代的砖石，不如说是木材建造的混凝土建筑。如果使用千鸟结构体系，可以通过自己的双手组合小单元，那么，谁都可以组合出大型建筑。这就给人一种细胞聚集终成生物的感觉。不论是组装还是解体，都自由自在。

这种符合 21 世纪游牧式生活的现代砖石，或许能成为现代的细胞。

高为 9 m 的吹拔。光线透过千鸟网格，产生有如树林中斑驳光影的效果

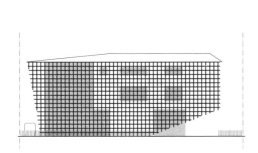

GC PROSTHO MUSEUM RESEARCH CENTER
东北立面图 1：500

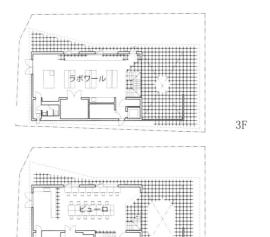

3F

2F

1F

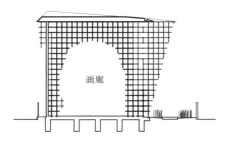

画廊

GC PROSTHO MUSEUM RESEARCH CENTER
短剖面图 1：500

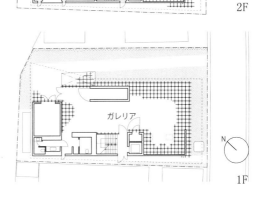

ガレリア

N

GC PROSTHO MUSEUM RESEARCH CENTER
平面图 1：500

尝试通过千鸟结构体系，找回木结构建筑空间中独特、纤细的纹理 50 cm 网格木框架的一部分也当作博物馆展览框架使用

图片转载来源

（概论）

图 19、20、21、25、26、27、28、29、35：《建筑史（修改增补版）》（市谷出版社）

图 5、6、12、32、27、28、46、47：《近代建筑史》（市谷出版社）

图 7、8、10、31、32、33、34、42：《建筑 20 世纪 PART1》（新建筑社）

图 45、50：《建筑 20 世纪 PART2》（新建筑社）

图 43：《a+u 2000 年 10 月临时增刊 20 世纪的现代住宅：理想的现实 II》（新建筑社）

图 3：《便携建筑史（日本 西洋）》（彰国社）

图 6：《西洋建筑 空间和内容的历史》（本友社）

图 11：《反造型》（筑摩书房）

图 14：《美国式住宅文化史》（住宅图书馆出版局）

图 23：《联合国教科文组织世界遗产 11 北 西非洲》（讲谈社，1988 年，第 123 页）

图 30：《混凝土文明志》（岩波书店）

图 13：《PRIDE OF PLACE》（ROBERT A. M. STERN houGHION MIFLIN COMPANY AMERICAN HERITAGE）

图 39：《Alvar Aalto 1898—1976》（SEZON MUSEUM OF ART）

图 49：《FRANK LLOYD WRIGHT MONOGRAPH 1914—1923》（A. D. A. EDITA Tokyo）

图 1、2、4、12、29、44、48：Wikipedia

网络图片来源

图 9 ：http://blogs.yahoo.co.jp/kog0428/47290328.html

图 36：http://kinkenzmi.exblog.jp/i20/3/

图 40：http://janmichl.com/eng.aalto.html

图 41：http://hokuobook.com/aalto/koetalo

其他

图 15、16：图片提供 共同通信社

图 18：松岛润平制作

（案例）

广重美术馆的木结构烟草仓库：图片提供 那珂川町教育委员会

后 记

我从没想过自己有一天会写一本教材。我一直觉得自己无法写出也不愿意去写那种看似了不起的教科书。

我写这本教材的原因之一如"前言"所述，是因为3·11大地震，另一个原因则是市谷出版社的泽崎明治"突发奇想"地想让我写作教科书，要不是他那罕见的热情和执着，大概也就不会有这本书了。

泽崎与我的恩师内田祥哉曾合作过几本教科书。我反复阅读内田老师的教科书，发现虽然他是建筑领域唯一一位身为日本学士院会员的大师，但其著作完全不让人产生"教科书盛气凌人"的感觉。内田老师的著作中平淡地描述了创造建筑过程中的喜怒哀乐，读者渐渐被其吸引、被其感动。于是我觉得要是能写出这样的教科书又何乐而不为呢？

当然，内田老师的著作之所以不给人盛气凌人的感觉，也与他的个性有关，我还注意到这与他如何建造建筑，如何对待建筑这一"生产"领域所具有的深刻关系。内田老师的研究室并不是设计系，而是建筑生产方向的。一般来说，对设计感兴趣的学生都会加入设计或者规划领域老师的研究室，但是学生时代的我性情乖僻，特意进入了内田先生"生产"方向的研究室，并在那儿完成了毕业论文。

正如本书中强调的，建筑这一"生产"活动，是调停追求普世性、客观性的父亲和不断地主观反抗父亲的孩子之间矛盾的，它充当了母亲的角色。

而"场所"是进行生产、产生生产力的场所，在这个意义上，对我们而言这就是母亲。本书的主要论题是着眼于生产的，对被20世纪国际主义风格损坏的场所进行更新再生。难怪我在与内田老师交谈的时候，也往往会产生和母亲在一起时的安全感。我希望通过"生产"领域的作用，尝试将普世性与主观性、科学与艺术分裂的建筑领域再度合为一体。

在内田老师门下完成毕业论文之后，我又跟随原广司教授度过了两年的研究生生活。原老师师从内田老师，而我想进入原研究室的理由也很单纯。因为原研究室每年都会对世界边境的聚落进行调研。我觉得进入了原研究室，去边境旅行的话，就能节省在东京时在"脑海"中进行建筑理论辨析而浪费的时间。只要能去边境的聚落旅行，肯定就能从那里的"场所"直接学到一些东西。

我的直觉果然没错。我在原研究室的两年时间都用来准备和整理关于非洲撒哈拉沙漠聚落的调研了。在与蝎子和毒蛇战斗的两个月时间里，我学到了许多东西。在这两个月的时间里，我充分亲身体验到了"场所"的力量。

世界上有许许多多的"小场所"，我学到了如何在这些"小场所"中建造建筑，使其与场所文脉密切相关，从而产生强大不屈的力量。

与"场所"取得联系的建筑，不论其外观如何寒酸、脆弱，都会具有难以置信的顽强力量。

由上述经历我将这本教材的主要思想确定为契合"生产"与"场所"。但真正的困难是在这之后。"场所"对我而言并不是数据，而是肉体的记忆。是深入骨髓的场所的空气感、颜色、味道和质感，如何从这些记忆中提取内容让我非常困惑。

但是，肉体的记忆在本质上是十分模糊不清的。为了将这种模糊不清的感觉以教科书的形式表达出来，我委托了事务所的员工进行协助。其中特别麻烦了稻叶麻里子和松岛润平。如果没有他俩的帮助，将"场所"转换成"教材"也就不可能实现。借此机会，特表感谢。

隈研吾

2012 年 1 月